装备采购竞争机制研究

主　编　古先光

副主编　赵　勋

参　编　裴雄伟　吴微露　朱乃波

　　　　古亚鑫　孙　鹏　侯春牧

西安电子科技大学出版社

内 容 简 介

本书介绍了我国武器装备采购历程、类型及采购情况等，研究分析了装备竞争性采购的重难点问题、装备一体化采购的问题及效益与风险、外军装备采购竞争机制等，并对全面推进装备采购竞争机制提出了一些对策和建议，为我国改革武器装备采购制度、丰富和完善装备采购理论体系提供了理论参考，具有一定借鉴意义。

本书既可作为军事装备学、国防经济学专业研究生公共课或专业课的选修教材，也可作为国防科工局以及军方装备部门有关管理人员和研究人员开展装备采购管理工作的参考，或为开展相关研究的人员提供理论支持。

图书在版编目（CIP）数据

装备采购竞争机制研究 / 古先光主编. —西安：西安电子科技大学出版社，2021.5

ISBN 978-7-5606-6048-6

Ⅰ. ①装…　Ⅱ. ①古…　Ⅲ. ①武器装备—采购管理—研究—中国
Ⅳ. ①E243

中国版本图书馆 CIP 数据核字(2021)第 111769 号

策划编辑　戚文艳
责任编辑　姜超颖　戚文艳
出版发行　西安电子科技大学出版社(西安市太白南路 2 号)
电　　话　(029)88242885　88201467　　邮　编　710071
网　　址　www.xduph.com　　　　　电子邮箱　xdupfxb001@163.com
经　　销　新华书店
印刷单位　陕西天意印务有限责任公司
版　　次　2021 年 5 月第 1 版　　2021 年 5 月第 1 次印刷
开　　本　787 毫米 × 960 毫米　1/16　　印　张　9
字　　数　128 千字
印　　数　1～1000 册
定　　价　29.00 元
ISBN 978-7-5606-6048-6 / E
XDUP 6350001-1
如有印装问题可调换

前　　言

为适应新一轮军事革命的发展，世界主要军事大国纷纷根据本国实际情况，逐步调整和完善装备采购管理体制、装备采购法规体系和项目管理制度，加强全系统全寿命管理，优化采办程序和运行机制，运用市场手段推进装备采购的竞争、评价、监督和激励，强调装备采购的经济可承受性，加强采办队伍培训和建设的改革等，促进了装备采购效益的提高。

我军真正意义上的装备采购是从新中国成立以后开始的，最初是借鉴苏联实行"统一计划、定点采购、分段管理"的机制。在当时的背景下，这种采购的模式与装备的发展是相得益彰的，推动实现了我军装备从无到有、从单功能到多功能、从单一化到系列化的发展。二十世纪七八十年代，我国经济体制开始逐步转变为社会主义市场经济体制，武器装备采购也由单纯的指令性计划逐步向合同制转变。1979年，邓小平同志提出军品采购要实行合同制，这是我军装备采购制度改革的起点。40多年来，我军装备采购制度改革走过了不平凡的历程，在构建军品市场框架、建立新的管理机制、探索军民融合式装备建设道路等方面取得重大进步。

竞争是现代市场经济的基本特征之一，没有竞争就没有市场经济。竞争者(行为主体)、竞争目标(需求客体)、竞争场(规则体系)是构成竞争的三个基本要素，二者相互依存、相互制约。竞争机制是指为开展竞争，竞争诸要素相互作用、相互关联的过程和方式。竞争需要规则，如竞争的组织、协调、仲裁等方面的原则和方法等，以控制竞争有序进行。在装备采购方面，竞争的内涵是：两个或者两个以上的，具有装备科研生产资质能力的法人(行为主体)，按照一定的规则，以获取预期的军事、经济和社会效益为目标，为取得并实现装备科研生产项目(需求客体)，与其他竞争者进行技术、经济实力综合较量的过程。

建立装备采购竞争机制，是适应社会主义市场经济体制，建设充满活力的装备采购制度的核心。竞争是优化资源配置、促进科技创新、提高装备效益、促进企业优胜劣汰的最有效的手段，也是世界各国武器装备建设的基本政策。政府采购及军队采购的实践表明，竞争出效益，出技术创新，出装备质量。以招标竞争为特征的政府采购制度，显著节省了资金费用。

当今时代，世界新军事革命迅速发展，体系对抗成为战场对抗、大国对抗的主要特征，装备的信息化、体系化、技术复杂化的程度愈来愈高。同时，军民用技术、资源的通用性和兼容性空前提高，为利用国家经济和科技资源加快装备发展创造了条件。世界各国都在积极推进装备采购制度的探索和实践，集中表现在：进一步强化装备采购的集中统管，明确职责分工，加强部门间的协调与制衡；简化管理层次，推进组织机构扁平化发展；改革规划—计划—预算系统，提高资源配置效率；建立指挥顺畅的项目管理体系，扩大项目管理机构的职责权限，加强对装备采办项目的过程控制；改革装备采购程序，缩短采购周期等。

本书作者长期从事装备采购领域研究，参与了多项有关装备采购制度改革的课题论证工作。写作过程中，军委装备发展部机关、装备采购领域专家组等一些领导和专家学者给予了热情指导，并为我们提供了珍贵资料，对此我们深表谢意；同时，我们还搜集研读了许多资料，学习借鉴了国内外相关专家学者的研究成果，在此一并对相关作者表示衷心感谢。

因时间仓促及实践经历有限，本书难免存在疏失之处，敬请各位读者批评指正。

作者

2020 年 12 月

目　　录

第一章　装备采购概述 1

   第一节　装备采购的概念 1

   第二节　装备采购的方式 2

   第三节　装备采购的过程 5

   第四节　我国装备采购历程概览 6

第二章　竞争性装备采购 11

   第一节　竞争性采购的优点 11

   第二节　竞争性采购的类型 13

   第三节　典型国家装备竞争性采购情况 14

第三章　装备竞争性采购重难点问题 19

   第一节　装备竞争性采购存在的问题 19

   第二节　装备竞争性采购面临的不利因素 20

   第三节　装备竞争性采购重难点问题及其对策 23

第四章　装备一体化采购有关问题 45

   第一节　装备一体化采购的概念内涵及特点 45

   第二节　装备一体化采购的基本模式 47

   第三节　装备一体化采购试点情况 48

   第四节　装备一体化采购重难点问题 50

第五章　装备一体化采购效益与风险分析 62

   第一节　效益与风险模型的建立 62

第二节　案例计算 72

第三节　风险管理对策 90

第六章　外军装备采购竞争机制 93

第一节　信息发布制度 93

第二节　市场准入制度 94

第三节　分类分层次竞争制度 105

第四节　一体化竞争机制 110

第五节　竞争保护机制 114

第六节　对我军装备采购的启示 120

第七章　推进装备竞争性采购的对策建议 123

第一节　积极培育装备采购竞争环境 123

第二节　持续深化装备价格机制改革 127

第三节　全面推进竞争性装备采购 131

第四节　完善相关法规制度和政策措施 135

主要参考资料 137

第一章　装备采购概述

　　采购是一项非常古老的社会活动,自从有人类历史记录开始就已存在。装备采购是随着装备的产生与发展而逐步形成和发展起来的。古代装备结构简单、功能单一,早期兵器来源主要靠自备。中国家喻户晓的《木兰诗》中就有"东市买骏马,西市买鞍鞯,南市买辔头,北市买长鞭"。可见花木兰替父从军,需要自己购买行军打仗的全部装备。后来装备逐渐发展为国家或军队组织生产,自产自用,兵器制造、保管和分发主要由军队及政府的相应部门统一负责。随着科学技术的发展、社会生产力的提高和战争的需要,武器装备结构趋于复杂,生产制造与使用相对分开,商品化程度越来越高,国家或军队开始实行采购制度,逐步形成了军队负责采购、国防工业部门负责生产制造的格局。

第一节　装备采购的概念

　　装备采购,是指为满足国防需要,国家或军队使用国防经费,通过采购计划制定、合同订立、合同履行等环节订购装备和获取相关服务的活动,是一个从装备科研、购置到维修保障的完整过程。

　　装备采购属国家行为,体现的是国家意志。军队是装备的唯一买主,装备的科研、订购、调配以及使用中的维修管理由代表国家的国防部或相应机构(我国是军委装备发展部)集中统一领导和组织实施,任何单位和个人未经允许不得擅自研制、生产和订购武器装备。装备采购具有一定的强制性,国家拥有优先采购权,承担装备研制生产任务是每个承制单位应尽的义务,装备科研生产条件一般由企业自行解决,根据具体情况,国家在配套条件方面给予必要保障。

装备采购的基本任务是依据装备建设的方针政策，科学制定装备采购计划，以合理的装备采购价格采购性能先进、质量优良、配套齐全的装备和获取相关的装备技术服务，保障军队作战、训练和其他各项任务的完成。装备采购是连接装备承制单位和装备使用部门的桥梁，也是调整补充完善军队装备体系结构、数量规模的必要手段和重要环节，具有采购资源配置的计划主导性、采购市场主体与竞争的有限性、市场管理的集中统一性、市场供求的平战悬殊性和采购行为的高度保密性等特点。

装备采购经费来源于国家财政性资金，采购的目的在于维护国家安全利益。装备采购的对象是武器装备，其通常不能直接从国防市场中购买获得，特别是大型复杂武器系统，需要经历提出需求、设计、研制、生产直到交付部队形成初始战斗力等过程。采购手段一般是通过订立合同的方式进行。由于军品的特殊性，国内外军方部门对于装备采购均十分慎重，武器装备从研发立项、设计定型、采购到列装的周期较长，并且需要遵循严格的程序。

第二节　装备采购的方式

装备采购方式是指实施装备采购时，根据不同情况应当采用的法定形式。装备采购方式是年度装备采购计划的基本要素之一。装备采购程序是指采用确定的装备采购方式实施装备采购时,应当遵守的操作规程与次序。

根据采购中竞争程度的不同，装备采购一般分为公开招标采购、邀请招标采购、竞争性谈判采购、单一来源采购、询价采购5种。其中，通用性强、不需要保密的装备采购项目，一般采用公开招标方式；涉及国家和军队安全、有保密要求、不适宜公开招标采购的，一般采用邀请招标方式；招标后没有承制单位投标、没有合格标，或者采用招标方式所需时间无法满足要求的，一般采用竞争性谈判方式；采购金额小、通用性强、规格标准统一、货源充足、不需要保密的，一般采用询价方式；只能从唯一装备承制单位采购的，或者在紧急情况下不能从其他装备承制单位采购的，一般采用单一来源方式采购。

另外，依据途径、时机、组织形式和全寿命阶段等的不同，装备采购还可分为国内采购、国外采购、集中采购、分散采购、一揽子采购、渐进式采购、平时采购、应急采购、激励式采购、滚动式采购、螺旋式采购等。

1. 公开招标采购

公开招标采购指按照规定的程序，在规定的媒体发布招标公告，邀请不特定的装备承制单位投标，并依据确定的标准和方法从所有投标中择优评选出中标装备承制单位，并与之签订合同。公开招标采购适用于采购金额达到限额标准以上、通用性强、不需要保密的装备采购项目。一般采用成立招标小组、组建评标委员会、拟制招标文件、报批招标文件、发标、投标、开标、评标、定标的基本程序组织实施。

2. 邀请招标采购

邀请招标采购指根据装备承制单位的资格条件，在一定范围内选择不少于两家装备承制单位，向其发出投标邀请书，由被邀请的装备承制单位投标竞争，从中择优评选出中标装备承制单位，并与之签订合同。邀请招标采购适用于采购金额达到限额标准以上、有保密要求不适宜公开招标、只能从有限范围的装备承制单位采购或者采用公开招标方式的费用占装备采购项目总价值比例过大的装备采购项目。一般采用成立招标小组、组建评标委员会、拟制招标文件、报批招标文件、选择被邀请投标装备承制单位、发投标邀请书、投标、开标、评标、定标的基本程序组织实施。

3. 竞争性谈判采购

竞争性谈判采购指与不少于两家装备承制单位进行谈判，择优确定装备承制单位，并与之签订合同。适用于采购金额达到限额标准以上、招标无果、采用招标方式所需时间无法满足需要、因技术复杂或者性质特殊不能确定详细规格或具体要求，以及不能事先计算出价格总额的装备采购项目。竞争性谈判采购一般采用成立谈判小组、拟制谈判文件、报批谈判文件、确定邀请参加谈判的装备承制单位名单、谈判、确定承制单位的程序组织实施。

4. 单一来源采购

单一来源采购指只从一家装备承制单位采购装备。随着装备研制生产市场化程度的扩大，竞争性采购的比重不断加大，单一来源采购的比例不断下降。

5. 询价采购

询价采购指向有关装备承制单位发出询价单，让其报价，在报价基础上进行比较，确定出最优装备承制单位，并与之签订合同。询价采购适用于采购金额在限额标准以下、不需要保密、通用性强、规格标准统一、货源充足、价格变化幅度较小的装备采购项目。询价采购一般采用成立询价小组、确定被询价的装备承制单位名单、询价、确定承制单位的程序组织实施。

6. 一揽子采购

一揽子采购指在装备研制时将后期订货数量、配套装备、维修设备、技术服务一揽子纳入合同进行谈判采购，又称整套装备采购。一揽子采购适用于采购装备技术状态比较明确、采购数量与采购总价款已经确定、技术与成本风险较小、研制生产部署周期较短的采购项目。

7. 渐进式采购

渐进式采购指利用现有的技术和生产条件设计、研制、部署一种具有初始作战能力的武器装备，待作战需求进一步明确和技术成熟后，再逐渐增加一些新的作战能力的采购方式，又称渐进式采办。渐进式采购通常把采购计划分为若干批，第一批根据成熟的技术、阶段性需求、预计的威胁和现有的制造能力，确定研制生产部署具有初始作战能力的武器系统，并对后续第二批、第三批及更多批的研制生产部署做出规划；后续各批在前一批军事能力的基础上，不断升级提高，直到获得完全的作战能力。

8. 螺旋式采购

螺旋式采购指为逐步或分阶段实现系统的既定能力而进行的一种反复迭代的开发过程，又称螺旋式发展。在该过程中，作战用户、试验人员和开发人员之间通过不断沟通和反馈信息，进行多次试验和风险管理，不断降低技术风险，为用户提供该批内最好的产品。螺旋式采购主要用于电子信息装备，尤其是军用电子信息系统、军用软件等方面的科研采购。

9. 滚动式采购

滚动式采购指对于建设周期一年以上的大型复杂装备项目，采用多年滚动计划，使采购项目可以在一个计划期内完成。这种采购要避免在装备项目生产周期内按年度计划签署多份合同，而应该让研制生产商提前掌握采购数量、品种，进行必要的生产资料和能力准备，以便维持装备项目生产的稳定性。

10. 激励式采购

激励式采购指为激励承制单位主动控制成本、提高装备技术性能、提前交货或提前批量生产，在采购数量、采购价格、预付款比例和研制费补偿等方面给予倾斜或优待。激励式采购适用于技术风险和费用风险比较大的装备项目。

不同国家虽然采购体制和方式有所不同，但在装备采购中普遍坚持公开透明、公平竞争、公正和诚实信用等基本原则，实行计划制度、合同制度、价格制度、全系统全寿命管理制度、竞争制度、评价制度、监督制度、激励制度、承制单位资格审查制度等。

第三节　装备采购的过程

装备采购一般包括装备采购计划制定、合同订立和合同履行三个过程。

装备采购计划通常分为中长期装备采购计划、年度装备采购计划和专项采购计划，是实施装备采购的依据。一般由军队装备部门根据军事战略方针、军事斗争任务、装备发展战略、装备体制、部队装备现状、装备购置费的保障能力等，并结合装备科研生产能力组织制定。中长期装备采购计划各个国家有所不同，通常五年制定一次，主要内容包括装备采购的指导思想、计划目标、方向重点、经费安排、建设方案、实施步骤、规模结构、能力评估和政策措施等。中长期装备采购计划在执行中期要进行计划执行情况评估，为修改、调整计划提供依据。年度装备采购计划依据中长期装备采购计划制定。中国人民解放军的年度装备采购计划按照三年滚动形式制定，即当年采购计划、第二年草案计划、第三年预告计划，三年计划同时制定，逐年滚动，主要内容包括编制依据、指导思想、保障重点，采购装备的名称、数量、单价及经费安排、装备采购方式和装备承制单位意向等。在年度装备采购计划执行中，一般要对执行情况进行检查，必要时可以制定年度装备采购调整计划。采购调整计划也属于年度装备采购计划的范畴。为了满足应急情况下装备采购需求，一般在发生紧急情况时还可以制定装备应急采购计划。专项采购计划通常依据单一采购项目制定。

装备需求方获取武器装备、军事技术及相关服务，通常采取与供应方订立合同的形式进行。依据价格确定方式不同，可分为固定价格合同、成本补偿合同两大类。一般情况下，订立合同的项目必须已列入年度装备采购计划、已通过设计定型或鉴定、价格已经确定或批准、承制单位已取得相应资格等。合同订立方式、程序及装备采购合同文本格式由国家、军队的相关法律法规给予明确规定。在订立合同时，应根据装备采购项目情况、装备供给能力和市场竞争情况选择确定装备采购方式。合同经审查批准后方可签订、生效。

合同双方依据国家和军队的有关规定，履行合同规定的义务。其中，承制单位是装备质量、交货进度的责任主体。军事代表对承制单位履行合同过程实施监督，重点监督装备生产质量、合同履行进度及合同经费使用情况；对承制单位提交的装备进行装备检验验收，办理装备合格证明。经军事代表验收合格的装备，按照军队装备部门制定的装备分配计划由军事代表协同承制单位向部队交接。装备配备部队后，承制单位按照合同规定和相关法律法规要求，及时组织技术人员为部队提供售后技术服务，包括使用、维修技术培训和装备维修等。装备合同履行完毕后，军队装备部门与承制单位进行经费结算，合同终结。

第四节　我国装备采购历程概览

我国真正意义上的装备采购是从新中国成立后开始的，最初是借鉴苏联实行"统一计划、定点采购、分段管理"的机制。在当时的背景下，这种采购的模式与装备的发展是相得益彰的，实现了我军装备从无到有、从单功能到多功能、从品质单一到系列化的发展。

1978 年党的十一届三中全会召开以后，党的工作重心逐步转到以经济建设为中心的轨道上来，开始了市场取向的改革。我国经济体制开始逐步转变为社会主义市场经济体制，武器装备采购也由单纯的指令性计划逐步向合同制转变。1979 年，邓小平同志提出要把军工生产部门与军队使用部门的关系调整为订货关系，搞合同制，这是我国装备采购制度改革的起点。

我国实行装备订货合同制是 1983 年从海军装备订货开始的。1987 年 1 月 22 日，国务院、中央军委颁发了《武器装备研制合同暂行办法》和《国防科研试制费拨款管理暂行办法》之后，择优定点、择优订货、招标投标等合同方式逐步推广开来，并逐步形成了装备技术部、各地军代表局、驻厂军代表室这样一种三级合同管理体系。

1997 年 3 月 14 日，我国第一部《中华人民共和国国防法》出台，正式将军事订货制度列入国防法的内容之一，建立起一种与社会主义市场经济相适应的国防采购制度，装备采购引入竞争机制迈开了新的步伐。

1998 年九届人大一次会议后，由原来的国防科工委，总参装备部、兵种部科技装备局，总后车船部、军械部组建的总装备部，负责武器装备发展规划、采购、分配的全寿命统一管理。总装备部统一管理国防科技试制费、装备购置费、装备维修管理费、军内科研费以及有关专项经费等，统一规划武器装备的全面建设，把武器装备的科研计划、预研计划、订货计划、保障计划、维修计划、退役计划结合起来，形成完整的武器装备建设的全寿命管理体系。

进入新世纪之后，针对我国当时武器装备建设市场出现的行业垄断、竞争不公、监督不力、浪费严重等问题，江泽民同志提出："要使有限的资源发挥最大效益，核心问题是必须尽快建立和完善适应武器装备建设要求和社会主义市场经济特点的竞争机制、评价机制、监督机制和激励机制，确保国防科技和武器装备持续、快速、健康地发展。"在"四个机制"提出后，为巩固以竞争机制为核心的"四个机制"，我国开始尝试建立一套适应市场经济规律的武器装备竞争性采办制度。

2002 年 10 月颁布实施的《中国人民解放军装备采购条例》是我军装备管理体制调整后，中央军委制定和颁布的规范我军武器装备采购工作的第一部基本法规，该法规对装备采购的公开招标、邀请招标、竞争性谈判和询价等采购方式以及工作流程进行了规范。2003 年 12 月，原总装备部颁布《装备采购计划管理规定》《装备采购合同管理规定》《装备采购方式与程序管理规定》《装备承制单位资格审查管理规定》和《同类型装备集中采购管理规定》，为武器装备采购构建了新的法规体系，同时也规范了我国武器装备竞争性采购。此后，2004 年 6 月，国防科工委发布并实施了《国防科技工业产业政策纲要》，这是我国第一次以国防工业政策的形式提出国防采办社会化，鼓励相关行业发挥技术、资金和生产优势参与武器装备研制生产，充分发挥市场配置资源的基础性作用，同时提出建立开放式武器装备科研生产许可制度，打破行业界限，面向全社会开展武器装备科研生产资质审查和资格认证。

2005 年 2 月，国务院下发《关于鼓励支持和引导个体私营等非公经济发展的若干意见》，允许非公有资本进入国防科技工业建设领域，鼓励非公有制企业参与军工科研、生产任务的竞争。2005 年 5 月，国防科工委颁布《武器装备科研生产许可实施办法》，批准民营企业及其他非公有制企业进入武器装备科研生产领域，以上两部法规有助于增加参与军工科研、生产的竞争主体，提高其竞争性。2005 年 12 月，中央军委转发了四总部《关于深化装备采购制度改革若干问题的意见》，针对当时武器装备采购制度存在的问题进行了顶层设计和系统谋划，指出：要逐步建立起统一领导、分级管理、竞争择优、监督有力、整体协调、科学高效的装备采购制度，形成适应社会主义市场经济体制和装备快速发展要求的装备采购管理体制；健全竞争、评价、监督、装备采购运行机制改革，支持非军工国有企业和高技术民营企业进入军品市场，推动采购方式由过去的"统一计划、定点采购"向公开招标、邀请招标、竞争性谈判和询价采购等多种方式转变。

2007 年底，胡锦涛同志在党的十七大报告中指出："建立和完善军民结合、寓军于民的武器装备科研生产体系、军队人才培养体系和军队保障体系，坚持勤俭建军，走出一条中国特色军民融合式发展路子"，并指出

"武器装备采购制度改革是武器装备管理体制改革的核心"，要通过"调整职能，理顺关系，优化机构设置，提高组织效能，健全决策权、执行权、监督权、既相互制约又相互协调的权力结构和运行机制"。

2009 年 2 月，原总装备部颁发《关于加强竞争性装备采购工作的意见》，明确了竞争性装备采购的含义，并且提出"要以装备作战使用需求为牵引，充分发挥军方在建立市场准入制度、培育竞争主体、营造竞争环境、构建竞争格局、促进和保护竞争等方面的主导作用"，要求各级装备主管部门在各个环节推进竞争性装备采购，按照实际情况和特点实行分类、分层次、分阶段竞争，并推广科研、购置与维修保障相结合的一体化竞争以提高装备采购的质量及效益。2009 年 6 月，原总装备部批准《全军装备采购制度调整改革方案》《全军驻承制单位军事代表制度调整改革方案》，以计划制定、合同签订、合同履行监督相对独立为目标，调整装备采购管理组织机构；以"调整基本职能""改革派驻方式""调整管理体制""整合组织机构""建立职业资格制度"和"建立独立保障体系"为目标，着力解决军事代表制度中存在的突出问题。

2014 年，原总装备部颁布实施《竞争性装备采购管理规定》，这是我军第一部规范和指导全军竞争性装备采购工作的专门规章，明确了竞争性装备采购管理工作实行项目确定、信息发布、方案审批、专家评审、结果公示、竞争保护等制度，为建立符合我军实际的竞争性装备采购管理制度和工作机制奠定了坚实的基础。与《竞争性装备采购管理规定》同期颁布的还有《装备价格方案评审规定》，配合装备采购制度改革和价格工作改革要求规范了价格方案评审活动、竞争性采购工作，具有重要的指导意义。在准确把握装备竞争性采购和价格工作规律的基础上，从竞争源头开始培育竞争主体，加强监督管理，规范价格评审，保障竞争性装备采购向纵深推进。

2015 年 1 月 4 日，全军武器装备采购信息网上线运行。全军武器装备采购信息网是全军武器装备采购需求信息的权威发布平台，是军工企事业单位、优势民营企业产品和技术信息的重要汇集渠道。公开网站依托互联网发布武器装备采购需求、采购公告、政策法规等信息，涉密网站发布武器装备采购涉密信息，各类企事业单位和装备采购部门都可通过申请、审核验证注册后，查询与其保密资格等级和专业领域相应的涉密信息，推送企业技术与产品信息，以及采购需求信息。

2016 年，军委装备发展部实行竞争性采购项目负面清单制度，明确了不宜竞争或目前暂时不具备竞争条件的装备采购项目清单。2017 年 8 月，各军兵种装备部门以及系统内价格领域专家集合举行宣贯会，共同确定未来装备采购法规体系及改革思路，商讨如何进行装备竞争性采购要求招标实务、采购与合同管理；对《竞争性采购装备价格管理办法》和《装备购置目标价格论证指南》相关规定进行宣讲和投标策略分析。

截至 2019 年 10 月，全军武器装备采购信息网已有 29 145 家企业注册，发布装备采购需求信息和军工配套采购需求信息 170 155 条，上千亿元武器装备实行了竞争性采购，千余家民营企业通过公平竞争获得了订单和参军机会，有效推动了装备竞争性采购和军民融合深度发展。

第二章　竞争性装备采购

　　竞争性装备采购是军队装备采购部门以提高装备质量和采购效益为目的，通过采用竞争方式确定装备承制单位和采购价格，获取装备预先研究、研制、购置和维修等产品、技术与服务的采购行为。构建适应新形势要求的竞争性装备采购制度框架，培育装备采购竞争环境，是建立完善装备采购竞争机制，优化装备资源配置，提高装备质量和采购效益的重要途径。

　　为了推进竞争性装备采购工作，原总装备部在深入论证研究和总结全军实践经验的基础上，于 2014 年 7 月 26 日颁发了《中国人民解放军竞争性装备采购管理规定》(以下简称《规定》)。《规定》是我军第一部规范和指导全军竞争性装备采购工作的专门规章。近年来，全军各级装备部门认真贯彻落实《装备采购条例》和相关配套法规，积极探索和实践竞争性装备采购，装备质量和采购效益明显提高。实践证明，推行竞争性装备采购是提高装备质量和采购效益的重要途径，是激发自主创新能力、提升国防科技工业整体实力的重要手段，是深化装备采购制度改革、建立完善"四个机制"的重要突破口，是装备建设贯彻落实科学发展观的重要举措。

第一节　竞争性采购的优点

　　随着社会主义市场经济体制的不断完善和国防科技工业改革的不断深入，军品市场呈现出新的生机与活力，既为装备建设快速发展提供了重要机遇，也为全面推进竞争性装备采购创造了良好条件。大力开展装备竞争性采购，是防止寻租腐败行为的有效手段，是提高采购质量效益的根本途径，是促进军民深度融合深度发展的重要抓手。

1. 防止寻租腐败的有效手段

计划经济条件下的分散采购是一种封闭的采购方式，依靠道德自律来防止腐败，结果产生了寻租、幕后交易、暗箱操作。因个别或少数供应商、采购操办者、部门官员的"合作性博弈"，使他们的利益最大化，而国家成为最大的受损方。市场经济条件下的集中采购，是一种开放的采购方式，依靠竞争防止寻租腐败、权钱交易行为，引导所有供应商主要依靠自身在技术、质量、价格等方面的核心竞争力获胜。因多个供应商之间、采购者与供应商之间的"竞争性博弈"，而使各方在公开公平公正、相互监督的游戏规则下，为自身利益最大化而展开竞争，实现公共资源配置最优化的目标。

2. 提高采购效益的主要途径

装备发展往往要受经费条件的制约和影响，价格涨幅大已成为制约装备建设和发展的重要因素。要解决这个突出矛盾，除了依赖于国民经济的持续高速发展，增强国家实力和国防建设的投入外，还必须提高装备采购管理水平，"走出一条投入较少、效益较高的军队现代化建设的路子"。世界主要军事大国开展装备竞争性采购的经验表明，竞争可以节省采购经费总额的20%左右，是提高装备采购效益的主要途径。

3. 促进军民融合的重要抓手

谁拥有核心竞争力(包括技术和管理能力)，谁就能在竞争中取得胜利。竞争正是提升装备承制单位技术创新能力和质量管理水平的有效手段。推进竞争性装备采购，引入非国有单位参与装备科研、生产、修理竞争，可以更广泛地依托整个国家工业、科技基础，让全社会的优势资源汇集到装备建设上来，让蕴藏在各行业各领域中的巨大能量在装备建设领域得到充分释放，提升国防科技工业自主创新能力和核心竞争力。竞争性装备采购是推动军民融合深度发展、引导优势民用科研生产单位进入武器装备科研生产和维修领域的重要举措，也是发挥市场配置资源的决定性策略、进一步完善武器装备市场体系的重要抓手。

第二节　竞争性采购的类型

装备项目是否需要组织竞争性采购，可以通过分析装备种类、承制单位数量等竞争条件来决定。竞争性采购分为非竞争类、限制竞争类、有限竞争类和公开竞争类四种类型。

1. 非竞争类

非竞争类装备是指直接涉及国家和军队核心机密或投资巨大、只有一个单位具备承制资质的武器装备。该类装备不适宜开展竞争性采购，只能采用单一来源方式采购，但在单一来源承制单位内部应开展总体设计层次上的多方案竞争择优，激励技术创新。并且，这类装备的部分分系统和配套产品，可以开展竞争性采购。

2. 限制竞争类

限制竞争类装备是指涉及国家和军队机密、投资较大、专用性强、有两家或三家单位具备承制资质的武器装备。出于经济规模的考虑，这类装备项目采购竞争应当限制在两家或三家具备研制、生产、修理能力的承制单位中进行，采用邀请招标、竞争性谈判的方式采购，并开展分系统和配套产品层次的竞争。

3. 有限竞争类

有限竞争类装备是指安全保密要求相对较低、投资规模相对较小、研制生产技术和设备有一定的军民通用性、有众多企业具备研制生产资质的武器装备。由于投资规模相对前一类较小，这类装备项目采购竞争应保持三至十家企业竞争的态势，采用邀请招标、竞争性谈判方式采购。

4. 公开竞争类

公开竞争类装备是指不直接涉及国家和军队秘密、通用性强的武器装备及配套产品。这类装备项目处于充分竞争的市场结构中，应当在全国范围内各类所有制企业间进行充分和公开的竞争，采用公开招标、邀请招标、询价方式采购，通过市场竞争确定价格。

第三节　典型国家装备竞争性采购情况

市场经济条件下，装备采购引入竞争机制是世界各国的通行做法。世界主要国家规定，要保证装备的质量、进度、价格，就必须使所有的采购都建立在竞争的基础上，如美国的法律和国防部政策都规定："在采办军品/劳务的过程中，应尽可能进行公开、充分的竞争。"尽管市场经济条件下世界各国普遍在装备采购中引入竞争机制，但由于各国的国情不同，他们在装备采购中引入竞争机制的模式是不一样的。从政府(含军方)在武器装备采购中引入竞争机制的地位作用角度看，世界上主要存在着以美国为代表的政府引导型、以法国为代表的政府构造型和以日本为代表的自然演进型三种装备采购引入竞争机制的模式。

1. 美国的政府引导型模式

装备采购引入竞争机制是美国军品采办的第一对策。由于美国承担军品任务的承包商85%属于私人所有的，只有15%才是国家所有的，美国采购引入竞争机制主要是采取由政府，特别是军方引导的方式实现的。这种政府引导的装备采购引入竞争机制的主要内容包括：

(1) 加强市场调查和分析。市场调查能够向采购人员提供有关满足装备需要的技术、性能、质量、价格等方面的初步信息，为装备采购提供技术现状、市场趋势和影子价格。

(2) 取消某些特殊成本会计、定价和审价要求。对于以同样或类似生产过程生产的同样或类似项目的军品，以及充分价格竞争后的军品，就可以取消特殊军品会计制度，给企业和军方都可以带来节约。

(3) 采用商业采购惯例。颁布联邦采办简化法，简化采办程序，按照商业企业常用的技术、方法、习惯、程序、规章、指导和标准进行军品采购。

(4) 改变装备采购过程。通过除价格外，还考虑性能、质量、进度等因素的最佳效益采购、长期业务契约、销售商直接供货、电子商业等现代市场化方式，改变计划采购程序，提高装备采购效益。

(5) 采用性能型规范。废除过分的、不恰当的军用规格和标准，只向企业提出所需装备的技术、性能、质量、进度等方面的要求，不过多干预企业如何投资、如何生产，大大提高了企业的参与程度和竞争范围。

(6) 引入市场质量管理方法。在竞争的市场上，维护产品质量关系到企业的生死存亡。在现代技术条件下，市场质量体系已经达到甚至超过军品质量要求，只要采用市场质量管理方式，生产军品的承包商自然会关心产品的质量，而不必由军方代替企业进行质量检验。

(7) 改革国防工业投资体制。改革现行的政府所有政府经营(GOGO)投资体制，转变成政府所有承包商经营(GOCO)新投资体制，提高投资效益，增加国防工业在管理、人事和工资方面的灵活性，吸引更多更优秀的人才。

(8) 加快采用军民两用技术。美国正在进行的"军事商业革命"，加快了装备电子化技术和柔性生产技术的采用，使一条生产线可以同时制造不同的产品，适应了军品生产的特殊性要求，提高了装备采购的通用性，扩大了竞争能力。

(9) 实行采办工作电子化。采用电子采办系统不仅可以提高采办工作效率、缩短采办周期、减少管理费用、提高"持续采办与全寿命保障"(CALS)能力，而且有利于承包商特别是中小企业利用接口参与装备采购竞争，增加装备采购的来源，扩大国防工业基础。

2. 法国的政府构造型模式

法国是一个具有独立完整国防科技工业和武器装备建设体系的欧洲国家，国家所有国家经营在其国防工业体系中占据主导地位。为适应国际安全战略环境的变化，提高国防经济效益，法国早在上世纪末期提出了全面深化改革国家防务系统原则，在 6 年内减少 30%的装备费和管理费、缩短30%采购周期的目标，并着手对装备采办的管理机构、运行机制和工作模式进行重大改革，通过政府构造的方式，在装备采购中引入竞争机制。其主要内容包括：

(1) 国会立法。为在武器装备采办中引入竞争机制，法国通过了《国防规划法》，详细规划了装备采办中引入竞争机制的具体事项，使装备采购引入竞争机制法治化、规范化和具有强制性。

(2) 建立装备采办引入竞争机制监督委员会。为促进装备采办中引入竞争机制，法国议会政府人士共 7 人组成装备采办引入竞争机制监督委员会，督促装备采购引入竞争机制的顺利进行。

(3) 私有化。在财政部的领导下，建立了独立的国防工业私有化委员会，制定了国防工业私有化规划，确定了国防工业私有化进程，明确了首批实施私有化的企业。通过私有化，为国有国防工业中引入了竞争机制创造了条件。

(4) 开放国有资产。法国国防工业主体属于国有企业，为了盘活国有资产，他们采取了私有化、股份化、集团化、区域化、一体化的资产重组模式，引入了竞争机制，实现了投资主体的多元化。

(5) 实行公开招标制度。法国武器装备总署对三军所需要的武器装备的研制和生产实行公开招标制度，通过平等竞争选择主承包商。

(6) 面向欧洲选择主承包商。武器装备总署为扩大竞争的范围，在进行公开招投标时，主承包商选择范围不限于国内厂家，而是面向欧洲进行选择。

(7) 引入以成本——价值分析为基础的竞争机制。在选择分系统承包商和供应商时，引入成本——价值分析的竞争机制，实行最大限度地公开竞争。

(8) 增加透明度。对于只有一家的主承包商，法国国防部规定，该承包商必须与武器装备总署建立一种开放式的合作关系，价格的谈判和控制以及生产能力的合同目标必须十分透明。

(9) 积极参与国际军火市场竞争。在国内军事需求降低的情况下，法国加大国防科研成果的投入，加快国防科技成果的转化，创造国防工业的名牌产品，抢先推向国际军火市场，强化质量意识，加强售后服务，提高竞争能力。

3. 日本的自然演进型模式

日本的装备采办，是在特殊的环境下建立和形成的。他们采取有控制的渐进方针，以建立一支少而精的"基础防御实力"和深厚的国防经济潜力为目标，建立起一种先富国后强兵、寓军于国民经济之中的经济模式。

其市场经济高度发达，军品与其他产品一样，都是作为商品生产和流通的，由市场机制进行调节。日本装备采购引入竞争机制是一种自然演进型模式，其内容包括：

(1) 在军品的研究、设计、生产上，都采用投标和供货合同的交易方式，保持着军品科研和生产的竞争性。

(2) 按照市场价格进行军品采购。日本在《武器装备训令》中明确规定：为保持军品的竞争性，装备采购"计算价格应采用市场价格方式计算"。

(3) 对通用装备采购实行直接的市场采购。日本通用装备主要是在市场上直接采购的，采购量占总采购量的23%。

(4) 采取一般竞争和指名竞争两种竞争方式。对装备专用程度一般的研制生产采取一般竞争方式，而对装备专用程度高的研制生产则采取指名竞争的方式。

(5) 标准化制造。为提高竞争的程度，日本要求对于能够达到商业标准和规程的装备采购都必须采用民品JIS规格。

(6) 没有行政干预，依靠市场调节。国家和军方对军工企业没有直接管理权，主要运用指导性计划和市场进行调节。

(7) 参与国际合作和竞争。日本为提高装备采购的技术水平和科技含量，大量引进和消化国外先进技术，积极参与国际合作和竞争。

从这些典型国家装备采购引入竞争机制的情况看,装备采购的确存在着与一般商品采购不同的特点,但这些特点绝不是不要引入竞争机制的理由,而是要在装备采购引入竞争机制时充分注意到这些特点。装备采购对象的进出壁垒很高,装备采购市场的双边垄断、装备采购基础的国有控制、装备采购方式的强制性,这些都没有否认竞争,而只是对竞争增加了附加条件,改变了竞争的实现形式。决定装备采购能否竞争的根本因素在于分工和独立的利益。只要存在分工、各分工主体存在独立的利益,就存在着竞争。我国装备采购不存在竞争的原因,不在于这些装备采购的特点,而在于行政干预,行业垄断,没有形成独立的利益竞争主体。更进一步分析,装备采购之所以能够引入竞争机制,一是装备采购存在着市场交易所需要的"自然秩序"。斯密认为,自然秩序有无比的优越性，它能摆脱人为的选择和限制，能制造出"最显然并简单的自然的自由体系"。在装备采购中，由于能够界定各自的权利，从而能够根据国防需求和市场供给确定出合理的价格，当合同发生冲突时，也能够依靠市场的力量自由自愿的解决，即存在着市场交易的"自然秩序"。二是装备采购中仍然存在市场交易"看不见的手"的作用。"看不见的手"是斯密用来描述交易动作机理的一种形象比喻，它表明个人在市场交易中只要依私利而追求，最终就能产生一种对每个人都有利，从而对整个社会都有利的有效资源配置。在军品市场上，价格机制对装备采购仍起决定性作用，装备采购的核心仍然是价格竞争结果，"看不见的手"仍然在支配着装备采购。三是装备采购仍然存在市场竞争。交易是在竞争的条件下进行的，这意味着每一个交易者都可以从其他交易者那里寻找更有利的交易条件，直到竞争者之间的交易达到没有一个人能再提高这些交易条件的状态，从而实现社会资源的最优配置。四是装备采购仍然存在着"市场均衡"。市场均衡是交易通过市场竞争自然而然地达成的。在国防市场上，当需求增加时，它通过提高价格增加需求而实现市场均衡；当需求减少时，它通过降低价格减少供给来实现市场均衡。

第三章　装备竞争性采购重难点问题

在国家和军队有关部门的领导下，全军以装备采购制度改革为主线，着力解决武器装备发展建设中存在的深层次矛盾和问题，努力建立健全与社会主义市场经济体制和武器装备快速发展要求相适应、与政府采购制度相衔接的装备采购制度。虽然取得了一些成绩，但从整体上看，装备竞争性采购还没有全面深入展开，国防科技工业和武器装备建设中一些突出矛盾和深层次问题未能得到根本解决，装备建设整体质量和效益的提高仍有很大空间。

第一节　装备竞争性采购存在的问题

目前，政府、军方、军工集团及厂所、民用和民营企业对军品市场竞争的认识不尽一致，加之各种利益的驱动，对竞争所采取的应对态度与方式也不尽相同。政府有关部门对军品市场竞争的宏观指导存在"缺位"和"越位"，军方采购的需求牵引和引导竞争力度还很不够，且两者在市场准入、投资体制、维护竞争和培育竞争等方面的协调和管理不到位。这些都直接影响或阻碍了军品市场竞争环境的建立和发展。

1. 竞争规模和范围还不大

目前全军装备竞争性采购经费占总经费的比例还不够高，远低于美军的 80% 和英、法军的 60% 以上，而且竞争范围较小、发展很不平衡，如通信、工程及车船等通用保障装备竞争性采购项目数量及金额都超过 50%，但主战装备竞争性采购项目数量和金额还比较低，通过竞争采购方式获得的整体经济效益并不明显。

2. 行业垄断仍很严重

军工集团在职能及经营范围上存在很多交叉重叠，导致大多数集团公司竞争不够充分，军品科研生产的行业垄断仍然严重存在。如电子、兵器行业、航空、航天等领域科研生产竞争不深入全面，不少民用及民营企业被挡在竞争大门之外。

3. 政策壁垒未消除

近年来，国家和军队有关部门在积极推动竞争的同时，有的具体做法仍存在不合理、不协调的地方，客观上起到了不利于竞争的消极作用。例如，由于军队的资格审查制度与国家科工局的资质管理制度在实施中协调不够，造成程序复杂、多头管理和重复劳动，无形中增加了企业的负担和成本；审查、认证的标准针对性和适应性不强，甚至过高设置了民口及民营企业进入军品市场的门槛；按照现行政策，军品科研生产条件保障费以核武器、航空、航天、船舶、兵器、电子等六大军工行业划块投入，跨行业竞争、民用及民营企业参与竞争是得不到该项投资支持的。

4. 竞争行为不规范

由于军方缺乏专门的招标机构，而且招标程序、方法随意性大，行政干预和人为因素多，往往使招标流于形式、走过场，有的企业为了中标甚至采用不正当或恶意竞争手段，搞"钓鱼工程"和"演示工程"，使"拖、降、涨"的现象时有发生。迄今尚未建立比较完善的装备采购信息发布制度，使跨行业、民用及民营企业不能及时得到有关装备的采购与招标信息。这些都使竞争的公平性、公正性和透明度难以得到保证。

第二节　装备竞争性采购面临的不利因素

受历史条件、国情军情及体制机制影响，我国装备竞争性采购运行还不够高效，面临着诸多不利因素。

1. 军工行业垄断格局没有根本打破

长期以来，我国军工行业形成了封闭垄断、自成体系的研制生产格局，虽然前后陆续组建了若干军工集团公司，为打破垄断，开展竞争创造了一定的基础，但垄断格局依然比较严重。一是集团公司垄断的倾向，军品市场仍存在比较严重的行业封闭。具有竞争能力的若干主承包商之间，主承包商和分承包商之间往往处于同一军工集团的管理之下。这就导致军方选择主承包商时要受到来自军工集团的行业保护，主承包商选择分承包商时要受到来自军工集团的行政干预。在这种情况下，军工集团之间不能形成有效的竞争，外部企业又难以与军工集团竞争，从而保持了垄断的格局，阻碍竞争对手的产生。二是军工"门槛"过高，制约了军品市场上足够数量竞争主体的形成，难以实现较为充分的竞争。由于武器装备在技术水平、环境、质量、保密等方面有特殊要求，装备审批程序严格、审批关卡多，军工内部的行业保护高于民营的行业保护，形成了现行军品市场进入"门槛"高的局面。虽然一些民营企业或高校参与了部分装备的研制和生产，但份额都不大。

2. 军队装备采购多头、分段、分散的管理模式没有根本打破

受编制体制制约，我军现行的武器装备采办运行机制存在许多弊端，突出表现在：装备科研、订购、维修多头、分段、分散的管理模式没有根本打破，装备一体化竞争性采购工作很难推进；军委机关、军兵种和驻厂军代表职责分工不尽合理，难以产生推动竞争的动力；一些按照计划经济模式制定的规章制度长期得不到修订，严重阻碍竞争等市场化采购方式的实现。例如，《军品价格管理办法》所采用的是全成本加利润的定价方式，装备承制单位花费的成本越高，它所获得的利润越大，让承包商通过竞争降低成本无异于挖自己的墙脚，阻碍了竞争的开展。

3. 阻碍竞争的政策没有根本改变

在装备研制生产过程中，军工企业参与军品市场竞争时，可以享受相应的基建技改投入及多项税收减免优惠政策，而民营企业不能享受或少数享受军工企业所享有的这些优惠，因而在竞争中处于明显的不利地位，而且这些由于政策所造成的不平等已无法进行调整和平衡。同时，信息不平等也造成双方在竞争中处于不平等的地位。投资政策不平等，基建和技改费的投向、投资强度和进度，与装备采购的招标竞争和合同订立不配套，

军品基建技改投入对象与军方通过竞争择优确定的承研承制单位时有不符，且基建技改投入数额很大，事实上造成接受基建技改投入的单位与未接受的单位在同类武器装备科研采购竞争中处于不平等的地位，不利于公平竞争。税收政策不平等，现行军品价格政策与税收优惠政策不匹配，参加装备研制生产的民营企业，享受不到军工企业的增值税、消费税、土地使用税等减免优惠，这些都是阻碍竞争的相关政策。

4. 高技术复杂性，导致竞争对手产生困难

大型复杂武器装备一般都是非标准的，需要专门研制而且价格昂贵，科技含量比较高，技术比较复杂。长期采用的单一来源采办模式导致不少装备科研生产"独此一家"，使其形成了不可替代的先期地位。这种先期地位包括拥有独一无二的技术资料、技术设备以及技术人员等。军方为了促进竞争，必须扶持起与现有供应商相匹敌的新的供应商。一般采用两种方式：一是投入扶持有能力的供应商独立开发替代项目，成为新的供应商。二是国家通过行政干预等手段把部分研制生产资源从现有供应商手中剥离，产生新的供应商。无论是哪一种方式，都要涉及非常复杂的知识产权和技术开发转移问题，短时间难以完成。

5. 高经费投入量，难以扶持起第二供应源

大型复杂武器装备的研制需要巨额的经费投入，承包商往往难以独自承担采办风险。由国家对大型复杂武器装备的采办先期投入，不仅是我国一直坚持的一项采办政策，也是西方发达国家军队在武器装备采办中的一贯做法。高技术条件下，武器装备技术越来越密集，科技含量越来越高，要求经费投入量越来越大。武器装备研制生产成本的直线增长导致竞争成本大幅增加，扶持第二供应源变得更加困难。另外，军费开支的不足也限制了第二供应源的产生。长期以来，制约我军装备建设的主要原因之一，是经费投入不足，供需矛盾突出。国家近年来对国防建设虽投入了大量的财力物力，但是，军费预算仍然满足不了装备建设的实际需求，一些大的采办项目往往受到经费不足的制约，影响了研制生产进度，扶持第二供应源就有心无力，客观上形成了不少军品在较长时间内不得不维持垄断科研生产的格局。

第三节　装备竞争性采购重难点问题及其对策

1. 武器装备综合论证

武器装备综合论证研究工作是武器装备建设的一项重要任务。抓好综合论证研究工作，有利于把握武器装备发展的方向，有利于武器装备的整体谋划与顶层设计，有利于搞活装备建设机制和体制建设，有利于增强装备建设的科学决策能力，有利于走出一条投入较少、效益较高的装备建设路子。因此，加强武器装备综合论证研究，是提高武器装备采购质量和效益的必然要求。

1）武器装备综合论证的基本情况

武器装备论证起源于第二次世界大战，大致区分为自然产生、自觉运用、深层发展三个阶段。从世界上武器装备论证活动比较发达的美国来看，其论证工作大体经历了系统论证形成阶段、全寿命论证形成阶段、综合保障论证形成阶段、仿真论证形成阶段等。我国武器装备论证活动开始于建国后 50 年代。大致可区分为计划协调评审论证形成阶段；可靠性、可维修性及费效论证形成阶段；全寿命论证形成阶段；全系统论证开始阶段；全系统论证深化阶段。

随着论证工作的广泛开展，各部门在总结经验的基础上，借鉴国外武器装备论证理论，陆续制定和颁布了一批有关论证的标准、规范和手册。主要包括：《炮兵武器装备论证参考资料》《装甲兵武器装备论证手册》《步兵近战武器论证参考》；以及由原总参批准颁布适应于全军的《武器装备论证通用规范》，各军兵种颁布的《装甲兵武器装备论证工作规范》《工程兵装备论证规范》《炮兵武器装备论证工作规范》《轻武器论证工作规范》等。当然，武器装备论证还包括由装备论证专家完成的大量论证研究报告。

纵观武器装备论证理论发展，尽管还很不成熟，但可以概略的将这些论证理论分为以下三个方面：一是针对各军兵种的横向科目论证理论，包括海、空、陆军及通用装备各个方面；二是针对全军的纵向阶段论证理论，包括发展战略、规划计划、体制、型号等方面的论证；三是论证方法体系的论证理论，包括建立在系统工程学基础上的系统论证方法(结构分析、仿真分析、系统动力学、系统可靠性分析、效能分析、灰色系统分析)，建立在统计学基础上的预测论证(德尔斐法、类推法、趋势外推法、指数平滑法、回归分析法、贝叶斯分析法)，建立在运筹学基础上的运筹分析论证(线性规划、目标规划、非线性规划、动态规划、网络、排队论、存贮论、对策论)，建立在经济学基础上的技术经济论证(项目投资分析、寿命周期费用评估、价值工程分析、费效分析)，建立在管理学基础上的评价论证(多准则效用函数法、决策树法、层次分析法、数据包络法、多准则方案排序法、风险分析法)，建立在逻辑学基础上的逻辑分析论证(比较分类法、分析综合法、归纳演绎法)。

另外，综合论证在一定程度上取决于它的制度形式。它是由多个相应的专业组织机构相互制衡形成的，是由一个工作机制、工作制度保证的。如在美国国防部内部，每个成功的武器装备采办，都是由联合需求委员会进行科学的军事需求论证提出，由国防规划与资源委员会进行可行性论证并提出合理的规划与预算，由国防采办委员会根据需求与可行性论证提出具体的采办计划。在这三个委员会之上设立一个统一的负责采办与保障的国防部副部长，对它们三者进行再权衡再论证，直到建立起一个科学的决策。

2) 我军装备综合论证存在的主要问题

从总体上看，我军装备建设还没有形成算大帐的管理体制和工作能力，长远性的、深层次和全局性的宏观谋划能力还相当薄弱，仅仅是初步实现了由经验论证向科学论证的转变。

(1) 作战需求对装备采购的牵引作用不够。美国等西方国家在装备采办中由"联合需求监督委员会"等组织作战部门提出各个主要装备项目的《作战能力要求文件》和装备项目关键参数目标值和门限值，对牵引装备发展、提高装备规划计划的科学性是有效的。我军虽然已经明确了作战需求牵引装备发展，但需求不够明确、不够具体、不够规范，对装备采购牵引作用十分有限。

(2) 装备采购可行性论证不够充分。具体表现在：感性论证多、量化论证少；可行性基础薄弱，基础数据不足，论证人才、知识和模式都不适应论证需求的发展变化，存在大量可行性论证的"黑洞"；可行性论证的顶层设计不够，脱离装备发展的实际，脱离装备决策者的价值观和偏好域，难以成为科学决策的有机组成部分。

(3) 综合论证不够。武器采购"拖进度、降指标、涨经费"已经成为我军武器装备形成战斗力和保障力的重大现实问题，造成这一问题的原因非常复杂，其中原因之一，就是在进行装备型号论证时，片面重视装备的技术性能，而对装备的进度和费用考虑不够，使得工业部门不能采取国外早就实行的按费用设计、按费用研制和生产，装备的综合效益不高，不利于克服片面追求个别性能指标高，而装备的作战能力指标与装备的费用、进度综合效益低的现象。

(4) 成体系、成系统采购论证不够。未来作战是联合作战，装备发展是体系发展。这就要求要加强装备成体系采购论证，而不是只对单一装备系统进行论证。但在我军装备论证过程中，往往只重视主战装备论证，而对同步论证配套保障装备、电子装备重视不够，致使装备发展综合集成能力不够，"边拆烟囱、边树烟囱"，无法按照结构优化、配比合理、构成完备、精干高效的要求，确定装备的型谱系列和规模结构。

3) 加强我军装备综合论证的措施研究

根据装备论证的现状和我军装备论证存在的问题，加强我军装备论证工作应当相应地采取如下措施。

(1) 加强综合论证，充分发挥作战需求对装备建设的牵引作用，提高装备建设的科学性。为了充分发挥作战需求对装备建设的牵引作用，要在明确了赋予联合参谋部提出装备需求职能的基础上，装备发展部、各军兵种装备部要有专人负责组织作战需求分析，并建立起作战、训练和后勤部门参与的装备需求形成机制，具体明确装备项目性能技术指标、费用、进度要求，装备规模、结构等方面的需求。

(2) 改变科研、采购、维修保障、经费管理分头论证和决策的做法，加强武器装备全系统全寿命综合论证。在装备建设论证过程中，要引入并行工程和系统工程管理思想，正确处理全系统全寿命管理与分系统、分阶段管理的关系，把目前科研、采购、维修保障、经费管理按照职能分工各管一段、各管一块的论证模式，逐步转变为多方并行、一方为主、相互参与的并行系统论证模式。在项目立项论证和研制总要求论证时，要通过协同配合，加强作战使用要求、全寿命费用估算、预计采购数量和价格、配套装备和保障措施等方面的综合论证，在满足作战需求和全寿命费用总量控制要求的前提下，对各种指标进行统筹平衡和协调，明确科研、采购、维修保障各阶段的费用、性能、进度等控制目标，加强各阶段的有机衔接和结合。

(3) 大力加强综合论证力量建设，打牢综合论证研究工作基础。从事综合论证研究的工作人员与综合论证研究工作在武器装备建设中的地位和作用相比，显得力量过小，机构过于分散，这已经成为制约综合论证研究工作发展的瓶颈。大力加强综合论证力量建设已经成为当前一项紧迫的任务。一要整合现有力量，改革、调整现有编配，收笼拳头，集中力量办大事，形成综合论证的"航空母舰"；二要根据综合论证多专业综合的特点，"小核心、大外围"，努力造就一大批综合论证研究专家队伍；三要搞活综合论证机制，充分发挥课题协作的作用，以全军院校、科研机构、地方乃至国外的科研力量为依托，建立完善综合论证力量体系；四要加紧综合论证人员的培训，在军校中增加综合论证课程，加强综合论证后备人员的培养，努力造就一支综合论证生力军。

(4) 加快装备论证手段建设，提升综合论证研究工作科学水平。为了适应联合作战和武器装备体系建设的需要及武器装备信息化发展的需要，根据综合论证是各专业基础之上系统研究的要求，需要加快建立全军装备综合论证网络体系，实现装备综合论证信息的互联互通与成果共享。一要加强各军兵种专业网建设，几十年来，各军兵种科研单位在型号论证和军兵种规划计划论证工作中积累了大量的经验和比较丰富的知识，特别对于那些即将或已经退休的老论证人员，需要充分挖掘他们的知识财富，抓紧建立起各专业论证网，为后来的论证工作及全军综合论证奠定基础；二要加强各学科专业网建设，充分发挥军队院校和地方科研单位的力量，对综合论证所需要的各学科专业做进一步开发,为加强综合论证提供理论平台;三是加强综合论证相关网建设,包括国际政治经济形势、国家政策、军队建设、人才建设、科技动态、法律环境等方面的网络建设,为加强综合论证提供相关信息;四是建立全军装备综合论证推演平台系统,在全军有关装备论证模型的基础上改造、开发、综合集成,将军事需求、装备需求、规划计划、保障维修、使用反馈等方面的内容进行快速计算推演,增强装备综合论证的谋略性和对抗性,提高武器装备的现代决策能力。

2. 资格审查和装备承制单位名录管理

装备承制单位资格审查管理,是指军队对申请装备承制资格的单位进行审查、认定、注册等一系列有组织的活动。装备承制单位名录管理,是指对申请装备承制单位的申报、核准、注册、发布、保持、注销等一系列有组织的活动。

1) 基本情况

美国等西方主要国家普遍实行承包商资格审查和合格厂商名录制度,为竞争招标和选择承包商奠定基础。美国实行承包商资格审查和合格厂商名录制度,该项制度是根据历史供货情况,选择一批厂商按规定程序进行资格审查和认证,把认证合格者载入合格厂商名录,成为按性能规范订货的优先选择对象。这些厂商一般具有很强的设计制造能力,可以在性能规范的指导下,充分发挥自己的设计制造能力,生产满足装备需求的产品。如美军武器系统中使用的微电路,80%是由遵照性能规范 MIL—PRF—28525 的 2000 家经过生产工艺或生产线审查,进入美国半导体协会认证的合格厂商名录的厂家生产的。

我国改革开放后,作为企业无形资产的重要组成部分,政府和企业越来越重视自己企业的经营信誉,并由此形成了对企业的资信评估,构成了企业资格审查和认证的重要内容。目前,我国对企业资信进行评估的机构,基本上可以分为三类:一类是社会信用中介机构,一类是自营机构,另一类是政府机构。主要包括各类资信评估公司、商业银行以及国家工商、税务和财政部门。

长期以来，我们对装备承制单位采取定点的办法，限制了其他具备承制条件的企业进入军品市场，造成了装备研制、生产的封闭和垄断。2000年国防科技工业和装备建设落实军委关于建立完善"四个机制"一系列指示以来，原国防科工委开展了武器装备科研生产许可证管理工作，发布了暂行办法、实施细则以及专业目录。原总装备部在《装备采购条例》颁布后，也根据《装备采购条例》的要求先后制定了《中国人民解放军装备承制单位资格审查管理规定》《〈装备承制名录〉管理办法》。装备承制单位的资格审查和名录制度，是装备建设引入竞争机制，打破垄断，建立竞争环境，适应社会主义市场经济的一个重要管理手段。

2) 存在的主要问题

装备承制单位资格审查和承制单位名录，其问题的本质是用计划手段还是用市场手段管理企业，问题的核心是促进竞争还是保护垄断，下面的问题都是这些深层矛盾的具体表现形式。

(1) 定点问题。定点是计划经济时期为保证军品任务的完成而采取的措施。20 世纪 60 年代初，为完成"两弹一星"的研制任务，在我国物资技术人才极为匮乏的情况下，开展全国大协作，采取了定点、定量、定质、定进度的"四定"措施。随着我国国防科技工业体系的形成，也形成了按行业门类的分工体系，各军兵种对应着各自的国防科技工业，定点作为一项制度也建立起来了，一方面，定点促进了国防科技工业"大而全""小而全"，另一方面，国防科技工业的"大而全""小而全"又进一步巩固了定点制度。在计划经济条件下，它具有节约交易成本的作用，但在社会主义市场经济条件下，定点强化了封闭和垄断，阻碍了竞争的开展。目前定点作为一项制度和习惯仍然广泛存在，是建立完善"四个机制"的一大障碍，也严重影响着装备承制单位资格审查和承制单位名录作用的发挥。

(2) 现行政策法规的制约。在现行的政策法规中，国家一直强调，军工行业属于国家投资的战略性产业，要由国家独资经营，在《中华人民共和国私营企业暂行条例》和《中华人民共和国公司法》中均规定私营企业不得从事军工生产经营。这些政策法规，对民营企业承担军品科研生产任务，构成了直接的限制，同时也限制了装备承制单位资格审查和承制单位名录发挥作用。此外，在投资和军品税收管理上，非军工企业不能享受与传统军工企业同样的待遇，造成军工企业与非军工企业无法开展平等竞争，也影响了装备承制单位资格审查和承制单位名录发挥作用。

3）措施建议

要充分发挥军方在装备建设中的主导作用，努力营造和建立有利于竞争的装备建设环境。要按照《中国人民解放军装备条例》和《采购条例》的要求，根据《装备承制单位资格审查管理规定》，建立《装备承制单位名录》发布制度，通过实行公平、公正、适度公开竞争，把装备建设建立在国家最先进的科学技术和工业基础之上。

(1) 加强理论研究和手段建设。科学的理论是行动的先导。要深入研究我国装备承制单位资格审查和承制单位名录的特点和规律，形成符合我国国情、军情的装备承制单位评估理论体系，用于指导我国的装备承制单位资格审查和承制单位名录编制工作。手段建设是搞好装备承制单位资格审查和承制单位名录工作的必备条件。要依托军代表系统，加强现代评估手段建设，不断提高装备承制单位资格审查和承制单位名录的科学化、规范化水平。

(2) 完善法规政策。适应社会主义市场经济发展要求，建议及时清理和修订限制非军工企业承担军品科研生产任务的政策法规，在资金投入和税收优惠等方面采取一视同仁的政策。要修改《中华人民共和国私营企业暂行条例》和《中华人民共和国公司法》中有关规定私营企业从事军工生产的经营条款，同时修改现行军品免税政策，实行对现行军工企业免税政策的同时，对承担军品任务的承制单位实行先征后补的退税政策。

(3) 完善装备市场准入机制。要打破军民界限和部门界限，无歧视地对待所有承制单位，彻底打破条块分割、自成体系的格局，克服分散主义倾向，取消国防科工委实施的许可证制度，从根本上革除装备研制生产的定点传统，统一政策制度，搞好综合协调，统一装备市场准入标准和条件。借鉴国外装备建设集中统一管理的经验，军队装备部门应加强集中领导，加强统筹管理，组织制定军品承研承制单位资格审查认证办法，扩大军品市场的准入范围，并尽快建立规范统一的装备承制单位资格审查和承制单位名录工作通报制度，抓紧研究军地之间相互通报的形式、内容、时间和程序，尽快形成统一的装备承制单位资格审查和承制单位名录协调工作机制。

3. 武器装备建设投资

在社会主义市场经济条件下，武器装备建设投资就是军方及政府有关部门在国家安全与军事需求主导下，围绕着形成装备实力和国防资产，对武器装备建设及其配套方面进行的研制、生产、采购、使用及维修等方面的资金、技术和其他资产的投入。

1) 基本情况

国外一些市场经济发达的国家在武器装备建设过程中，不但有着鲜明的投资理念，并在长期的实践中积累了丰富的经验，逐步形成了较为成熟的武器装备建设投资运作机制和管理体制。具体表现为三个创新：一是观念创新，把费用作为武器装备建设的一个独立变量，确立起装备建设投资的系统并行理念、开放理念、成本理念、资产运作理念和市场融资理念等；二是机制创新，建立起一套武器装备建设投资运行的一体化、需求主导、招标竞争、合同、程序化等机制；三是体制创新，积极建立与运行机制相适应的 PPBS 投资宏观调控、项目投资和市场化、国际化、一体化的投资体制。

我国市场经济条件下的装备建设投资是从计划经济体制下的武器装备经费管理使用体制一步步发展而来的。根据邓小平提出的军品科研生产要实行合同制的思想，装备经费从 1986 年开始实行了指令性计划下的投资合同管理，在此基础上，转变政府部门直接计划拨款手段，对研制费、预研费等实行包干，基本建设仍然实行国家拨款，技术改造投资实行"拨改贷"，改变了传统体制下计划行政拨款无偿运行的办法。原总装备部及现在的军委装备发展部，统管全军武器装备建设的规划和资金，为军方实施武器装备研制费、采购费、维修费三费统筹提供了体制保障，并为装备部门需求主导整个武器装备建设投资提供了组织基础。目前，我国武器装备建设仍然存在着投资体制不顺的问题，搞一型装备要有多项经费投入，既有国家的基本建设投资、技术改造投资及科研部门的事业费投入，也有军方的科研经费和采购经费投入。

2) 存在的主要问题

经费管理体制政出多门，难以形成全成本合同，"全寿命管理"原则无法有效贯彻。目前，军品条件保障经费和装备建设经费分别由国防科工局和军委装备发展部管理。这种投资管理体制的主要弊端有以下几点。

(1) 条件保障经费只投向军工企业，人为设置了民用企业进入军工领域的障碍，不利于营造公平竞争的环境。

(2) 条件保障投入形成的固定资产又通过折旧计入军品成本，形成"条件保障投入越多、军品价格就越高"的怪圈，不利于提高装备建设效益。

(3) 条件保障投入对象与军方通过竞争择优确定的承研承制单位有时不相符合，条件保障投入安排与国防科研试制费安排脱节，致使装备全成本合同无法签订，不利于实行武器装备的全系统全寿命管理，不利于提高国防建设经费的整体使用效益。

3) 建议措施

为营造公平竞争环境，减少不必要的重复建设，实现全成本合同管理，提高国防经费整体使用效益，建议尽快改变现行国防军工条件保障建设投资体制，将军工条件保障建设经费与装备建设经费集中统一管理，纳入装备科研生产项目的合同标的，竞争择优安排。

(1) 要在坚持中央军委集中决策的前提下，把武器装备建设投资的主导权、实施权逐步向军方装备管理部门转移，建立国家和军队有关部门投资协调机制，在武器装备建设投资集中决策、军方主导方面寻求突破。

(2) 要彻底改变我国现行国防科技工业及武器装备建设直接行政拨款方式，全面实行合同制、招投标制、预付账款制、股份制及期权制等多种投资方式，进一步理顺买、卖双方关系，并在转变政府职能、实现政企分离方面寻求突破。

(3) 建立武器装备建设投资的宏观指导委员会(受国务院和中央军委直接领导)，建立装备发展部全过程统筹投资的组织委员会，建立军兵种实施投资的执行委员会，在实现武器装备建设整体投资筹划、分级决策与管理方面寻求突破。

(4) 要按照深化国有资产管理体制改革的要求，划清武器装备建设投资中政府资产与企业资产的界限，明确政府拥有资产所有权和经营权，企业仅仅拥有资产使用权，同时考虑军方为装备长远建设而投入的国防固定资产(如大型特种科研试验和生产设备)由军方指定享有管理和使用权，从根本上改变装备建设过程中多部门多项投入造成的产权模糊、重复投资问题，在建立新型投资产权体制方面寻求突破。

4. 装备招标投标

通过招标投标展开公开竞争，可以增加装备管理的透明度，降低采购成本，提高经济效益，是装备建设建立完善"四个机制"的基本标志之一。招标投标，习惯上称为招标。招标与投标是相互对应的一对概念。所谓招标，是指招标人对货物、工程和服务事先公布采购的条件和要求，以一定的方式邀请不特定或者一定数量的自然人、法人或者其他组织投标，然后招标人按照公开规定的程序和条件确定中标人的行为。所谓投标，是指投标人响应招标人的要求参加投标竞争的行为。

1) 基本情况

招标投标最早起源于英国，产生于资本主义社会，目前许多国家都在实行。在武器装备研制、采购及维修过程中引入招标投标制度是世界主要国家通行的做法。美国签订的《合同竞争法》中规定，在和平时期除了特殊情况可以通过谈判方式采购外，正常的采购办法是正式招标、公开竞争。英国国防部规定，当主承包商或转包商对国内供应拥有有效垄断地位，并且按政策规定不能向国外采购时，牵头公司应对转包合同实行由国防部仲裁的竞争投标。法国国防部实行竞争采购政策和公开招标制度，武器装备总署对三军武器装备的研制和生产实行公开招标，通过平等竞争选择主承包商，并规定在选择分系统承包商和供应商时应最大限度地实行公开竞争。德国和俄罗斯对国防订货也有类似的规定。

美国是实行装备招投标制度较早、较有代表性的国家。首先，美军为了规范招标投标行为，建立了比较健全的法律法规体系。如《武器装备采购法》《签订合同竞争法》《反垄断法》《联邦采办条例》等，从不同方面对招标过程和行为进行了规范。其次，为了保证装备招标投标制度的顺利实施，美军还建立了比较严密的招标投标管理机构。如美军建立了承包商选择总监、承包商选择咨询委员会、承包商选择评审委员会等三个层次的管理体系，分别负责监督和管理承包商选择过程、承包商选择咨询和审查选择厂商的建议。第三，为了提高招标投标的效率和专业化，美军建立了相当完善的招标投标支撑体系，如招标代理机构等。

我国实行装备招标投标起步较晚，最早是海军在 1985 年对 037-Ⅱ导弹护卫舰研制建造试行了招标。1987 年国务院、中央军委颁发了《武器装备研制合同暂行办法》，1988 年原国防科工委发布了《武器装备研制项目招标暂行管理办法》，1995 年原国防科工委又发布了《武器装备研制项目招标管理办法》。2000 年原总装备部推行"四个机制"以来，《中国人民解放军装备条例》明确要求通过招标形式择优选定承制单位，装备招标投标工作在各军兵种中普遍开展开来。

2) 存在的主要问题

社会主义市场经济体制的建立以及国防科技工业体制的改革，为装备实行招标投标创造了一定的条件，但由于长期装备计划管理体制和国防科技工业改革不到位等因素的制约，装备招标工作仍面临着许多困难和问题。

(1) 推行招标投标的力度不够，范围不够广泛，基本限于配套及军队通用装备，不少单位不愿意招标或者想方设法规避，或以大型武器系统研制特殊为由拒绝招标，以实现个别部门或个别人的利益。

(2) 招标投标的程序不规范，存在随意改变标的和合同价格，做法不统一，漏洞较多，不少项目有招标之名而无招标之实。

(3) 没有建立严密的招标投标管理机构，以装备业务管理部门实行装备招标，既不独立也不专业，也没有建立起完善的招标代理机构，无法形成招标投标支撑体系。

(4) 对招标投标活动行政干预过多，随意否定招标结果，指定招标人，排斥本系统外的单位参加投标，使招标投标很难真正按照市场规律运行。

(5) 行政监督管理体制不顺，各军兵种自定章法，自行其是，缺乏统一管理。

3) 措施建议

为提高资金使用效益,确保武器装备质量, 保证装备研制、生产周期, 缩短与国外先进水平的差距, 在武器装备的科研、采购、维修方面推行招标投标制度, 已经成为当务之急。

(1) 修订《装备招标投标管理办法》。适应竞争性采购的需要,要在原《武器装备研制项目招标管理办法》的基础上,加紧修订完善《装备招标投标管理办法》, 以规范全军各军兵种招标工作, 明确招标投标各级职责, 规范招标投标程序, 促进全军装备招标投标工作有序运行。

(2) 建立装备招标信息发布制度。采用招标方式采购装备,应以一定的方式发布采购信息。发布信息的内容和时间, 必须对所有的潜在投标人一致, 不得有任何信息歧视。公开招标的信息要在经总装备部批准的媒体上发布。

(3) 科学编制招标文件和评标。在整个招标过程中,招标文件的编制和评标是最容易出现排斥竞争、照顾关系户的两个重要环节。要结合武器装备的特殊情况, 搞好招标文件设计, 保持评审委员会的合理组成以及选择的科学评标方法, 确保招标工作遵循公开、公正、公平原则不走样。

(4) 加强招标投标活动的行政监督。为了保证招标投标活动依照法律规定进行, 需要装备管理机关对其进行有效的监督, 执行有关招标投标政策、法律和规定, 制定有关监督方法和程序, 监督和监测招标投标活动, 并对违法行为依法进行查处。

(5) 探索招标代理机构建设问题。武器装备实行招标投标制度是一项巨大的系统工程, 需要研究武器装备实行招标投标后如何管理、如何实施等具体问题。国内和国外成功的经验是建立招标投标代理机构, 装备招标也要积极探索建立代理机构的问题。

5. 装备价格

装备价格是装备价值的货币表现形式。装备价格又是在一定管理形式下形成的。装备价格管理体系包括装备定价原则、价格管理形式、价格管理权限、定价程序和价格构成等内容。

1) 基本情况

美军在采办武器装备时所用的价格管理类型较多，但基本上可划分为两大类：一是定价价格，二是成本价格。其中定价价格包括：用于采购普通商品或技术规范明确的项目时采用的固定价格；随经济情况调整的定价价格；适用于项目在技术和费用方面的不定因素较大情况时的固定不变定价加奖励价格。成本价格包括：适用于研究与开发项目的纯成本价格；适用于承包商自愿分摊一部分项目的成本分担价格；适用于具有较高技术风险项目的成本加奖金价格；难以确定成本、进度和性能等具体定量指标项目的成本加定酬加评奖价格；工作量难以预定的研究、预先探索或调查研究项目的成本加定酬价格。

我国装备价格几经变化，但基本采取成本加 5% 利润的价格管理形式。现在执行的装备价格管理政策，是 1995 年经国务院、中央军委批准，由原国家计委、财政部、总参谋部和原国防科工委制定的《军品价格管理办法》和《国防科研项目计价管理办法》，该办法提出了军品价格制定的原则，明确了各级部门职责，规范了军品价格构成和定价程序，为承制单位编报价格方案、军队装备订货部门审核军品成本以及国家和工业主管部门与军队协商并确定军品价格，提供了行为依据。但随着国防工业体制和装备采购体制改革的逐步深入，原来制定的《军品价格管理办法》和《国防科研项目计价管理办法》在许多方面已经不能适应装备发展的新情况，需要对其进行必要的修改和完善。

2) 存在的主要问题

现行价格管理办法，为平衡供给方与需求方的关系，抑制军品价格猛涨发挥了一定的作用，但这个价格管理办法，存在的问题也是明显的，突出表现在计价模式单一、固定，现行的计划成本加 5% 利润的军品定价办法，既不利于强化承制单位降低成本、改善经营的内在动机，扼制了承制单位科技进步和技术创新的积极性，也严重影响国防投资使用效益的充分发挥。具体体现在：

(1) 军品价格中的成本越高利润越高。由于按成本加 5%的利润计价办法，成本越大，军工企业获得的利润越高，因此军工企业不是想方设法降低成本以提高利润，而是想方设法抬高成本以提高利润。特别是企业的管理成本像滚雪球一样越滚越大。

(2) 军品价格中的技改投资越多装备采购费越高。在一型装备中，国家要给国防科工委投入技改费，而企业根据现行价格管理政策，技改费投入形成的固定资产需要提取折旧，而折旧又要进入成本，进入价格。这样，国家投入技改费越多，装备采购价格就越高，而装备采购费也是国家投入的一部分，构成了国家的重复投入。

(3) 军品价格中的配套越多重复计算利润越多。为了提高企业利润，一些配套产品自己能够生产的，也由配套企业生产，因为配套企业也是按成本加 5%利润的计算方式计算的，而配套企业的产品又构成了企业的成本，而这个成本已经包含了 5%的利润在里面，军工企业又按这个成本获取 5%的利润。由此，企业配套越多，成本也就越大，利润也就越高。

3) 措施建议

充分发挥武器装备价格作为经济杠杆的基础性作用。在成本补偿、利润激励、风险分担上，尽量与市场接轨，逐步克服计划经济色彩过浓所形成的各种价格怪圈，完善市场经济条件下的装备价格形成机制。

(1) 建立计划与市场相结合、覆盖武器装备全寿命周期的多种计价模式。区分竞争性与非竞争性科研或军品计价，分类实行完全成本加利润、制造成本加制度总工时、分摊费用加利润、制造成本加利润、目标价格、弹性价格和市场价格等模式。从解决科研项目和军品计价存在的突出矛盾入手，按照市场经济惯例，参照社会或行业平均成本，分类确定计价成本的构成及核算标准；把不属于计价方面的内容从价格办法中剥离出来，把应该属于计价办法中的内容计入到价格当中去。在此基础上，参照社会或行业平均利润率、收益率，综合考虑质量、进度、批量、风险等因素，合理确定其浮动范围。

(2) 成立费用分析中心，做好科学概算。加强立项论证工作，制订严格的立项程序，强化经济技术分析，使立项科学化。立项论证报告要经过专家和有关领导组成的评审机构评审。建立经费跟踪和合同价款数据库系统，积累合同定价资料，完善合同定价办法。成立由财会专家、军队技术专家和计划人员组成的费用分析中心，负责对经费分配和重大项目概算进行分析，提出经费管理的政策，以保证经费管理的科学性。

(3) 建立虚报成本追究制度，加强对承制单位的信誉的审核和评价。不断提高审价人员素质、充实审价力量、改革审价方式、强化承制单位成本构成的监督。建立军工企业报价诚信制度，加强对承制单位信誉的审核和评价，并将评价结果进行公开曝光。同时，借鉴地方税务部门对纳税人逃税的惩罚措施，对虚假成本采取退赔、罚款、取消承制单位资格等措施，约束承制单位虚报成本问题。

6. 装备合同

合同常见于法学和经济学。法学中的合同是指"受法律保障的确立、变更一定的权利义务关系的协议"。法学中的合同强调合同中当事人的合法性和合同安排的规范性、强制性。装备合同是指装备需求方与供给方依据有关法律获取武器装备研制技术成果、产品和服务的经济契约。装备合同管理是对装备合同的起草、签订、履行、变更、解除等一系列的管理活动。

1) 基本情况

美国是实行市场经济体制的国家，为降低武器装备采办的交易费用，规范交易双方的行为，早在独立战争时期军方就以合同的形式采购武器装备。经过几十年的发展完善，目前美军拥有 2 万多人的合同管理队伍，每年采购 450 万种物品，涉及 1500 万项装备采办合同事务。美军的合同管理，一方面，形成了良好的合同管理的外部环境，如建立了完善的合同管理体制、完备的合同法规体系、专门的合同诉讼机构；另一方面，从合同签订履行的各个环节来看，合同形成具有竞争性、合同设计体现激励约束机制、合同执行实施了有效的监督控制。

我国的装备合同是一种指令性合同，是在改革开放后的七十年代末八十年代初，根据邓小平同志指示要求，以及 1987 年 1 月 22 日由国务院和中央军委发布的《武器装备研制合同暂行办法》，逐步发展起来的。该办法明确了军队使用部门(合同甲方)和装备研制单位(合同乙方)的最根本的经济技术责任，规范了合同签订的过程、权限、责任、管理等原则。在该办法的指导下，1991年发布了《武器装备研制合同暂行办法实施细则》；1995年对实施细则进行了重新修订。2000年12月的《中国人民解放军装备条例》以及2002年10月的《装备采购条例》又进一步明确了实行装备合同制的要求。这些文件为武器装备实施合同制，实施社会主义市场条件下的合同管理提供了依据。

我国实行指令性合同制以来，装备合同在各军兵种中普遍开展开来，对装备建设产生了积极的推动作用，初步形成了合同管理机制，推进了武器装备管理的法制化进程，调动了承包商的积极性，促进了承包商管理水平的提高。

2) 存在的主要问题

我国装备合同管理经过十几年的积极探索，取得了重要经验，在保证武器装备质量、加快进度、降低交易费用、提高装备采购效率方面取得了一定成效，但同时也存在着许多不容忽视的问题，具体体现在：

(1) 合同形成的竞争基础薄弱。我国装备合同在形成过程中，受计划经济体制下装备科研生产维修长期定点制度的影响，专业分工过细，行业保护严重，能够参与竞争的单位数量有限，有的甚至是独此一家，使合同乙方的选择范围有限，无法真正发挥竞争优势，大大降低了合同应有的效力。

(2) 装备采购合同管理不规范。目前装备采购实行的是指令性计划下的合同制，在合同制管理中，受到行政主管部门的干预较多，管理层次多、管理方式不统一、管理手段不规范。作为使用方，在管理过程中感到不可抗力因素较多，合同缺乏约束力及严肃性。管理机构不健全，管理力量严重不足。

(3) 合同纠纷无从裁决。目前当甲乙双方为合同履约发生争议时，大都依靠行政干预解决，尚未建立调解合同纠纷的调解和投诉制度，没有独立的合同纠纷调解和投诉机构，违约责任难以追究。

(4) 法规体系建设滞后。在我国现行的装备合同管理法规中，合同责任主体的自我约束不足，激励条款欠完善、规范，合同管理办法涉及面窄，执行不到位，缺乏管理、监督、调解、仲裁等方面的法规，对合同订立方式和程序没有明确统一的规定，装备合同的法规体系建设急需大力完善。

3）措施建议

为了实现严格、规范的装备合同管理，充分发挥合同的约束和激励作用，要建立起从项目立项、计划编制、合同签订、财务管理、过程监督到鉴定验收的完善的合同管理体系。

（1）修订《武器装备研制合同管理暂行办法》。遵循分类管理、相互衔接、便于操作和监督、分享利益和共担风险的原则，明确合同双方的法律地位，剥离国家行政管理，理顺国防投资渠道，培育军品竞争主体，遵循市场运行规律，引入社会化、职业化的合同评估机制，与计价办法相协调，规范合同中国防知识产权、价款等双向激励条款，形成覆盖武器装备预研、研制、生产、维修活动的多种激励型合同管理办法。

（2）建立科学的合同管理体系。要建立和完善军委装备发展部、军兵种装备部门、地区军代表局和军代表室的四级合同管理体制。在军委装备发展部内应建立合同管理职能机构，集中制定统一的合同管理政策和规程，制定全军统一的合同文本，提高全军合同管理的效率。对现行的军代表机构进行有效整合，使其不再直接承担合同订立工作，而是主要负责合同的履行监管，同时在军委机关及军兵种装备部门设立合同订立机构，实现合同订立与合同监管的相对分开。

（3）加强对合同管理队伍监管。要建立和完善合同管理人员的监督和约束机制。武器装备合同管理队伍按工作性质可分为三种：一是项目管理人员，专管合同的签订和项目的全寿命管理；二是合同管理人员，专门负责监督合同的执行情况(进度、质量监督)；三是军品鉴定和验收人员，专门负责按合同规定对军品进行鉴定、验收。这三种人员应该在合同管理中协同工作，并建立信息反馈和相互监督机制，及时反映合同执行中发现的问题，保证忠实履行职责，公正廉洁。加强军代表的合同管理职能，依法保证和规范军代表的职责。逐步扩大合同管理队伍，克服目前我国军品合同管理人员不足，一个人同时管理几个项目，只能进行粗放式管理的现象。

（4）建立健全合同争议调解及投诉机构。尽快建立合同纠纷委员会，建立承包商投诉和社会监督的受理、承办渠道，检查和发现合同存在的漏洞及缺陷，协调和处理对合同内容和合同执行中的争议，保证装备合同活动的顺利实施。

7. 军事代表管理

为发挥军事代表在装备发展和建设中的作用，保证部队按照计划得到性能先进、质量可靠、价格合理、配套齐全的武器装备，我军装备采购实行军事代表工作制度。军事代表工作在装备建设的第一线，对装备科研生产较为了解和掌握，他们是一支落实装备采购计划，监督承研承制单位合同履行、质量保证和产品价格，检验验收产品，与承研承制单位及地方政府联络的队伍。

1) 基本情况

美军从 1965 年开始，在国防供应局内成立了国防合同管理分局，加强了军代表系统的统一管理，对分散于全国各地约两万家小承包商的装备采购合同事务由统一的军代表系统进行管理，对于在大型军工企业生产的重大武器系统仍由各军种军代表独自管理。1990 年美国国防部成立了国防合同管理司令部 (2000 年更名为国防合同管理局，直属采办副部长领导)，全国军事代表统一由国防部合同司令部管理，其主要职责是合同履行管理，实现了国防合同的集中统一管理和军事代表"一厂一室"。

在我国，目前军事代表实行各军兵种分别派驻制度。全军军事代表由陆军、海军、空军、火箭军以及军委装备发展部有关部门等 5 大单位派出。实行军兵种、军事代表局、军事代表室三级组织结构，采用条块管理模式。

2) 存在的主要问题

在我军实行军事代表工作 50 多年以来，对装备现代化建设做出了很大的贡献。我军及美军、俄军装备建设的历史表明，实行军事代表制度是加强装备建设的一种行之有效的途径，但也要充分重视我军军代表工作存在的突出问题。

(1) 多部门派驻。由于全军没有实行统一派驻制度，各军兵种根据装备配套关系分别向研究所、总装厂、配套厂等承研承制单位派驻军代表，承担多军兵种装备采购合同任务的承制单位，一般同时驻有多个军事代表室。驻厂军代表室"一厂多室"的配置，造成军方多头对承制单位，工作难以协调，工作范围不统一、工作方法不相同，政出多门，部分监管工作交叉重叠，影响了合同监管效能，造成编制数量不足的军事代表力量不能得到合理运用。

(2) 后勤保障依靠承制单位。现行驻厂军代表一直以驻厂为主，办公、交通、通信、住房、福利等后勤保障未纳入全军后勤体制，军事代表后勤保障很大程度上依赖于承制单位，无法割裂驻厂军代表与承制单位之间的利益关系，致使驻厂军代表在监督合同履行时难以有效行使合同甲方的权利和义务，影响合同监督的独立性和公正性，不能满足社会主义市场经济条件下装备采购的需求。

(3) 军事代表队伍整体素质还不适应新时期装备建设的需要。全军军事代表队伍不断精简，而新时期装备建设的任务十分繁重，人员编制已不适应装备发展需要。军代表队伍个人素质与装备建设要求不相适应的矛盾还比较突出，有的驻厂军代表室违规为工厂争取订单，谋取私利或小团体利益；有的不严格履行职责，不按规定办事，造成严重后果；有的单位私设帐户，严重违反财务管理制度。

3) 措施建议

为克服我军军事代表方面存在的问题，规范军代表管理，充分发挥军代表作用，特提出如下措施建议：

(1) 在现行管理体制不打破的前提下，按照专业类别，实行由不同部门主派和副派的"一厂一室"制度。各军兵种军事代表隶属于本军兵种装备采购合同管理机构，在现有派驻制度大体不变的基础上，根据产品特点和各军兵种近几年订货情况，由军委有关部门统一协调、确定向同一承制单位派驻的军事代表室由哪一个军兵种、总部有关装备部门主派，由哪几个装备部门副派，重点解决"一厂多室"问题。

(2) 调整军代表工作职责。为加强装备采购的监督机制，赋予军事代表机构的权力不宜过于集中，装备采购合同订立的工作应该从由军事代表机构主要承担逐步转移到由采购执行机构主要承担。军代表在装备采购活动中，应该主要承担合同履行管理工作、参加装备合同订立以及合同审价和合同财务监督工作、承担承制单位资格审查等工作。

(3) 改革军代表的后勤保障。如果要在市场经济体制下真正发挥军代表的作用，在经济利益上必须与承制单位相脱离。要把军代表的住房、交通、办公、通信等后勤保障纳入全军后勤管理范畴，使军代表保持独立地位，才能有效发挥国家利益代表的监督作用。

(4) 完善法规制度。加快驻厂军事代表工作条例修订进程。新条例应对军代表工作任务、职责、派驻制度、队伍建设、后勤保障给予明确规定，以利于军代表队伍建设和作用的发挥。

8. 武器装备知识产权

武器装备知识产权主要是指在武器装备建设活动中所涉及的专利权、技术资料权和版权。承制单位专利权情况是承制单位资格评估、确定承制单位名录以及项目立项、技术评估工作的重要依据。加强技术资料权和版权管理，能够保证研制生产单位完整、准确、及时地向使用部门提供技术资料，促进新装备尽快形成和保持战斗力。

1) 基本情况

美国武器装备知识产权制度是市场经济国家武器装备知识产权制度的典型体现，其产权政策经历了二战后的政府与承包商之间收权政策与放权政策的争论阶段，六七十年代的制定灵活和统一的产权管理政策阶段，八十年代以后的促进发明商品化阶段。其基本政策内容是：承包商保留国家参与投资形成的武器装备知识产权有利于发明的商品化，而且要不断推进其转移和使用并向政府报工作告，否则给予惩罚直至撤销其所有权；政府用作武器装备采办时对国家参与投资形成的武器装备知识产权可以免费使用，包括承包商许可他人实施执行政府合同所产生的知识产权时，必须采取适当措施，避免政府在装备采办时再支付知识产权使用费；政府用于装备采办时，可以侵占承包商的自己形成的知识产权，但需要给予知识产权所有人公平的经济补偿。

我国于 1984 年颁布并实施了专利法，经过三十多年的努力，我国已经建立起比较完善、基本与国际接轨的知识产权制度。国防专利工作同时起步，成立了隶属原国防科工委的国防专利局，与武器装备知识产权有关的管理工作从专利工作起步，逐步开展开来。与此同时，加紧武器装备知识产权的法治建设，1990 年颁布并实施了《国防专利条例》，2004 年又重新制订了并颁布实施了新的《国防专利条例》。

2) 存在的主要问题

武器装备发展的关键是依靠科技创新，而科技创新的关键是要保护使用好武器装备知识产权。有效的知识产权管理是最为重要的激励创新手段，是促进技术成果转化的重要保障。与国外相比，我国武器装备知识产权主要存在下面几个方面的问题：

(1) 国防知识产权和科技成果转化意识淡薄。军队部门缺乏对知识产权在武器装备建设中的重要性的认识，装备合同管理人员缺乏知识产权知识。国防科技成果保护、转化的管理观念陈旧，现行政策对权益归属和义务分担等缺乏明晰规定，因而未能充分体现和利用人才、技术、知识的价值，促进技术创新和科技成果向生产力、战斗力转化的激励作用不强。

(2) 由于军工科研与生产承制单位是独立的竞争主体，又缺乏必要的科研成果转让政策规定，许多装备研制经费投入取得的科研成果，无法转入装备生产。

(3) 法规制度不健全，已有的规定执行力度不强。现行的《军品价格管理办法》中没有把知识产权费用列入开支范围。《武器装备研制合同暂行办法实施细则》中规定，设计单位内部掌握的设计方法与设计技术，未经整理的试验原始数据、原始软件及制造技术诀窍等资料，都可以不交付，导致研制单位提供的技术资料不全面。特别是缺乏国防知识产权保护、转让的管理办法，使技术转移不通畅。已有的《国防新科学技术预先研究成果管理暂行规定》对成果登记、通报、产权保护、推广应用等要求也没有得到很好的落实。

3) 措施建议

随着知识经济的发展，国防建设向知识经济转化是必然的发展趋势，知识资产在武器装备建设中的贡献越来越大，正如江泽民主席所指出的："知识作为一种军事要素，在军事建设和军事斗争中占有特殊的地位"。实践表明，制订有效的知识产权政策和措施，体现人才、技术和知识的价值，是激励创新，引导科技成果向战斗力、生产力转化和保护知识产权不流失的重要保证，是落实科技强军战略，建立完善"四个机制"的重要手段。

(1) 逐步将武器装备知识产权的有偿使用费纳入成本核算。修改《军品价格管理办法》，引导科研单位重视科技创新，避免重复研制。在武器装备研制生产中，要鼓励研制生产单位积极采用武器装备知识产权，充分利用先进技术，降低生产成本。在武器装备采购过程中，要将武器装备知识产权纳入到采购合同中，保证武器装备交付部队后，能够正常使用维护，尽快形成和保持战斗力。

(2) 在装备科研项目中高度重视知识产权管理。在科研项目立项前，要考察承研单位知识产权状况，并优先考虑在现有知识产权的基础上开展科学研究，避免多头重复研制。下达科研项目要把创造知识产权作为目标之一，特别是对武器装备实现跨越式发展的研究项目，一开始就应当考虑知识产权问题，保证将基础性、前沿性技术领域的自主知识产权，牢牢掌握在我们自己手中。在项目执行过程中，要及时申请国防知识产权，保证最新的科技成果既能够广泛传播，也能得到有效保护。项目完成后，要把产生的知识产权数量和质量作为项目完成好坏的评价指标，逐步形成我国国防科技进步和武器装备发展的自主创新体系。

(3) 逐步加大对武器装备知识产权的激励力度。建立武器装备知识产权激励机制，对能够大幅度提高部队战斗力和科研生产能力的知识产权，要加大补偿和奖励力度，激励具有重大作用的知识产权不断涌现。在此基础上，通过提高合同管理人员知识产权的管理能力，将科研人员创造的知识产权作为考核的重要指标，引导国防科研企事业单位创新知识产权、申请知识产权、保护知识产权、有偿使用知识产权。

(4) 加快制定《国防知识产权保护、转让的管理办法》。根据国家制定的有关知识产权的有关法律，结合国防知识产权的特点，制定国防知识产权保护、转让的管理办法，规范国防知识产权的概念、划分、归属及收益分配，明确知识产权的保护和管理措施，为产权管理部门提出法规依据。

第四章 装备一体化采购有关问题

"一体化"的词义就是将各自独立运行的个体组成一个紧密衔接、相互配合的整体，其概念在军事领域的出现始于 20 世纪 70 年代美军的《联合作战纲要》。随着我军一体化联合作战思想的提出，诸如一体化指挥、一体化后勤保障、一体化动员保障以及军民一体化装备保障等理念，装备一体化采购在我军得到了广泛的运用与扩展。

第一节 装备一体化采购的概念内涵及特点

1. 装备一体化采购的概念和内涵

装备一体化采购是指军队为了高效率和高效益地获得高质量装备，将其采购过程中独立运行的各种管理要素与采购要素融合成一个紧密衔接、相互配合的有机整体，即通过竞争方式订立装备研制、购置和维修等阶段的捆绑式采购合同，并对各阶段进行一体化管理。从这一定义出发，可以进一步认识装备一体化采购的丰富内涵。

(1) 提高效率和效益是目标。大力推行一体化采购的根本出发点，就是围绕着全面提高效率和效益，对装备采购的统筹计划、统一管理、统合实施，并在装备系统、体系两个层次上体现全寿命过程的优化，使有限的经费、时间、人力、物力和技术等资源，按照快速形成并保持战斗力的客观要求，科学合理地进行配置，避免重复建设和浪费经费，走出一条投入较少、效益较高的装备建设路子。

(2) 强化全系统全寿命管理是本质。一体化采购以项目管理为主线，将新装备的需求提出、计划制订、合同订立、合同履行等采购要素与全系统全寿命管理要素融为一体，统筹研制、购置、维修的计划和经费，实现研制、购置、维修的一揽子或捆绑式合同，可以从源头上克服全寿命周期各阶段计划、管理的脱节，最大限度地抑制装备全寿命费用的恶性增长，解决"研制得起、买不起"和"买得起、用不起"的矛盾。同时，可以促进国防科技工业研制、生产、维修联合体的形成。

(3) 运用竞争手段是关键。装备竞争性采购是指通过公开及邀请招标、竞争性谈判和询价等竞争手段，在两个以上的竞争对象中，选择合适的承制单位，以合理的价格在军品市场采购装备，这是市场经济条件下装备采购的大势所趋，也是提高装备采购效益的必然要求。当一体化采购与竞争性采购有机结合时，就构成了一体化竞争性采购，这是装备一体化采购的高级形式。其中，一体化采购是军方发挥主观能动性、成为精明买主的"内功"，而竞争性采购则是军方利用市场资源、主导军品竞争的"外功"，通过"内功"和"外功"的结合，最大限度地提高装备采购效益。

综上所述，装备一体化采购的目标是提高效率和效益，源头是需求牵引，重点是计划制订，本质是全系统全寿命管理，关键是竞争手段。把握好这些方面，不仅能够促进装备建设整体水平的提高，而且能进一步调动军工企业的积极性和能动性，推动具有中国特色的装备"研、产、修"三位一体供应体系的建立，满足军方不断变化的装备需求。

当然，相对于分段分块的采购模式而言，一体化采购是一项更加复杂的系统工程，不确定因素更多，规避风险的要求更高，使科学预测与评估的作用更加突出，采购决策对技术支撑系统的依赖性更强，采购管理的难度更大，对采购队伍的素质和能力要求更高。

2. 装备一体化采购的特点

(1) 管理难度大，要求更高。从管理上讲，统一计划、分层决策、统一确认、分别执行的方式，要实现由纵向逐级集中决策向纵横向同步逐级集中决策转变。考虑时间更长，涉及装备种类、型号复杂，面对的承研、承制和承修单位多，因此，情况更加复杂，组织协调工作量加大。

(2) 对管理的手段依赖性更强。必须要建立装备一体化竞争采购技术支撑系统。一是要网络通畅、信息共享、技术兼容，保障信息标准规范；

二是技术平台一体化，军队各地区、各单位应统一网络体系结构、应用平台和系统软件，保证地区与地区之间、系统与系统之间、行业与行业之间网络互联互通、信息资源共享，避免出现各自为政的局面；三是具备高效的协调统一机制，低层决策的高层时效确认制度；四是辅助决策的系统的规范性、统一性和有效性。

(3) 装备建设效益更高，风险加大。装备一体化竞争采购可以实现经费投入低，装备形成和恢复战斗力周期短，保持和巩固战斗力时间长。但是，由于一些装备研制周期和服役部队时间长，不确定因素变化难以准确预测，必然会带来已经确定的经费、技术状态以及承研、承制和承修单位的改变，风险不可避免。

(4) 更加体现了全系统全寿命的管理思想。装备一体化竞争采购本身就是对装备的研制、购置和维修的一揽子捆绑式竞争性采购，就是对装备采购行为全寿命三个阶段采取强制性一体化的竞争性采购，是装备采购全系统全寿命管理的具体体现。

第二节　装备一体化采购的基本模式

从我军实际情况出发，按照全系统全寿命管理的要求及我军装备采购相关条例规定的采购方式，可将装备一体化竞争性采购划分为以下 5 种模式。

1. 研制、购置、维修一揽子竞争性采购

研制、购置、维修一揽子竞争性采购是指在装备采购需求(功能、性能和数量)、采购总经费、时间进度等基本明确，技术比较成熟的情况下，从新上装备的方案设计以及工程研制阶段通过竞争招标，签订研制、购置和维修一揽子采购合同，使之既保证按质、按量、按时拿到装备，并快速形成初始作战能力和保障能力，又能有效控制装备成本、价格的增长，从而提高装备建设整体效益。

2. 研制、购置捆绑式竞争性采购

研制、购置捆绑式竞争性采购是指在装备研制、购置经费及相关条件

已定而初期维修经费不明确的情况下，从新上装备的方案设计以及工程研制阶段通过竞争招标，签订研制、购置捆绑式采购合同。这样可以较好地解决装备研制与购置脱节的问题，确保以有限经费达到"研制得起、买得起"的目标。

3. 购置、维修捆绑式竞争性采购

购置、维修捆绑式竞争性采购是指对于研制阶段不确定性因素较多或是已完成研制的装备，以及市场上的民选军用"货架"产品，通过购置与维修捆绑式竞争招标，使之快速形成初始作战能力和保障能力，达到"买得起、用得起"的目标。

4. 研制、购置、维修分阶段竞争性采购

研制、购置、维修分阶段竞争性采购是指当采购总经费未定且技术风险较大时，对新上装备的研制、购置和维修的目标与要求实施一体化论证和计划管理，但在合同订立中，实行研制、购置和维修三个阶段独立竞争招标，确保装备质量、进度，控制费用增长，努力实现装备全寿命周期的较高效率和效益。

5. 研制、购置、维修分层次竞争性采购

研制、购置、维修分层次竞争性采购是指针对单一来源装备，仍可从加强全寿命管理的角度，通过对新上装备的研制、购置和维修目标与要求实施一体化论证和计划管理，与总承制单位签订有关研制、购置、维修一揽子或捆绑式合同，要求并督促总承制单位同时在分系统、部件或配套等层次，采用一揽子或捆绑式竞争招标方式，签订分包合同，确保装备质量与进度，控制成本和价格，提高装备建设效益。

第三节　装备一体化采购试点情况

本世纪初，空军 306 雷达项目原计划从法国引进 9 部"弗莱尔"雷达。2002 年，在调研国内雷达研制生产能力的基础上，原总装备部决定改由国内采购，并明确采用一揽子竞争招标方式。中标的电子科技集团

14所、38所按照军方批准的同一战技性能指标，自筹资金开展竞争研制，经刻苦攻关，仅用4年时间均按计划研制出综合性能处于国际领先水平的低空三坐标雷达。同时，军方按原引进计划的总经费，将雷达的购置与维修保障捆绑招标，一次性签订购买了多部该型雷达，并在合同中适当补偿研制经费。这一成功的做法不仅保证了在较短时间内研制、生产出比国外更好更多的装备，而且能够使部队尽快形成并保持战斗力，军事及经济效益显著。

装备一体化采购作为我军深化装备采购制度改革的突破口，也是武器装备建设实现全面、高效、可持续发展的有效途径。对于落实军委关于推进竞争性采购一系列举措中提出的"推动装备、购置、维修保障一体化管理""建立装备采购各阶段工作协调机制"和"大力推进竞争性装备采购"等相关要求，解决长期困扰我军装备建设的深层次矛盾和突出问题，以及适应未来一体化联合作战和信息化建设的需要，不仅十分必要，而且非常迫切。

本世纪以来，军委机关有关部门和各军兵种装备部门在开展竞争性采购的基础上，也对一体化竞争性采购进行了探索实践，早期如东十一导弹测地车、非制冷热像仪、037Ⅱ导弹护卫艇以及306雷达、战术电台配套附件等。与此同时，还初步探索了适应一体化竞争性采购的工作协调机制，如空军在306雷达一体化竞争性采购过程中，建立了由空装机关组成的一体化竞争性采购工作小组，形成了总体筹划、分头实施的工作机制。这些都为我军装备一体化采购试点工作积累了宝贵的经验。与此同时，全军各级装备采购部门和研究单位、院校，根据军委、总部的部署和要求，在总结装备竞争性采购实践的基础上，开展了相关理论研究，取得了初步研究成果。《装备采购制度改革研究优秀论文集》《装备科研订货一体化管理研究》《装备采购制度改革总体方案论证研究》等，为开展一体化采购试点工作提供了理论支撑。

随后，在海军、空军、火箭军及军委机关分管有关装备的部门，选择具有典型意义的新上装备型号项目，开展研制、购置和维修一体化采购试点，以现行装备管理体制为基础，对装备一体化采购特别是一体化竞争性采购的基本模式、管理体制、运行机制和工作程序，以及相关配套改革、法规建设和人才培养等举措，进行深入的研究和试验。试点项目首选研制周期短、技术较为成熟、具有一定采购规模的中小型主战装备、电子信息装备和通/专用保障装备，如海军轻型护卫舰、小型反舰导弹，空军空地导弹、制导炸弹和多功能地面保障车，以及三军通用指挥通信装备、情报侦察雷达和电子战装备。

第四节　装备一体化采购重难点问题

推行一体化采购，与我军现行装备采购制度存在着一些矛盾和冲突，包括与现行装备管理法规的差别，与装备投资体制的矛盾，与装备知识产权的冲突等，重视和解决这些矛盾，是顺利推进一体化竞争性采购的关键。

1. 一体化采购与现行装备管理法规的矛盾

1) 装备管理法规的现状

装备管理法规从纵向构成上可以分为军事装备法律、军事装备法规和军事装备规章；从横向构成上区分为两类，即规范军地双方的法规和规范军队系统的法规。现行装备建设法规体系主要包括：《中国人民解放军装备条例》《装备科研条例》《装备采购条例》《装备管理条例》《装备维修工作条例》《计量条例》《战役装备保障纲要》等，这些军事装备管理法规作为我军装备体制调整改革后，规范装备采购工作的基本法规，不仅继承了现行规章制度中的科学做法，而且全面贯彻落实了竞争性采购的基本要求，体现了市场经济的客观规律，为建立装备采购新模式奠定了基础。

2) 一体化采购与装备管理法规的主要差别

(1) 一体化采购与现有法规规范的对象不一致。现行装备条例(包括科研条例、维修条例、采购条例)，采用条块分割式论述和管理，各个部分的规定都是相对独立的,关于几个环节之间的衔接和过渡问题涉及的比较少。

(2) 一体化采购的时间要求与现行采购三年滚动计划管理的时间跨度不尽一致。现有法规中规定的中长期计划(科研、采购、维修计划)通常是 5 年，例如，《中国人民解放军装备采购条例》第三章采购计划第十条规定：年度装备采购计划实行三年滚动，包括为当年装备采购计划、第二年装备采购草案计划和第三年装备采购预告计划。这对于一体化采购而言，时间上可以超过 5 年也可能低于 5 年，而且可能在某个时间跨度根本就不需要采购计划，或者在某个时间阶段内需要频繁做出相应计划并付诸实施。

(3) 一体化采购要求与现行装备法规中的各部门的职责有矛盾。一体化采购对军队装备部门的职责要求明显区别于现有法规要求。因为一体化采购是项目管理的模式，还要设立专门的协调机构，职责分工和要求跨度更宽更广，层次更多更细。

(4) 一体化采购要求与现行装备法规中的采购程序有矛盾。一体化采购程序，包括下发通知、上报项目、下达综合论证要求、上报实施方案、批复实施方案、上报采购协议、批复采购协议、实施一体化采购等，具体做法有很大差别。在采购程序上，一体化采购对于几个环节都要有专门的协调机构。

(5) 一体化采购合同与现有法规体系中的合同要求矛盾。无论哪种采购模式，最终都要靠合同来进行约束，现有法规对合同的规范和种类限定，与一体化采购所要求的合同种类、形式、内容等都有较大差别。

3) 对策与建议

(1) 要在对现有法规重组和整合的基础上，提出新的管理条例和法规。尽快制定出以《一体化装备采购工作管理规定》为主的一系列规章和制度，对一体化装备采购的组织机构、职责权限、采购范围、供应商的条件、采购方式、采购程序、采购管理、合同签订、法律责任等内容进行明确规定，使一体化装备采购做到有法可依，逐步建立和完善科学高效的一体化采购机制。

(2) 真正贯彻落实项目管理和全寿命管理的思想。项目管理和全寿命管理追求整体上的最大利益。一体化采购对装备全寿命周期管理要求更高，要求在科研之初，甚至预研阶段，就统筹和计划资源，对科研、采购、维修几个阶段的资源进行合理分配，它要求整体上最优。一体化采购的程序需要对现有装备管理法规进行重组和整合，甚至是根本上的改革。

(3) 不断完善合同制。一体化采购的五种模式，打破了长期采用的单一来源采购方式，积极推行竞争机制，对革新和完善合同制提出了更高的要求。一要完善合同的内容，细化合同的条款；二要充分发挥合同的监督效力。

2. 一体化采购与国防科技工业管理体制的矛盾

1) 国防科技工业管理体制现状

国防科技工业作为国家战略性高技术产业，涵盖核、航天、航空、兵器、船舶、电子六大行业。1998年3月，九届全国人大一次会议决定撤销原国防科工委，组建新的国防科工委，作为国务院的组成部门之一，负责承担原国防科工委、国务院有关部门承担的国防科技工业管理和建设、军转民管理、三线调整搬迁、国家有关专项计划管理等职能，以及核、航空、航天、船舶、兵器工业总公司承担的政府职能。根据2008年3月15日通过的《关于国务院机构改革的决定》，不再保留国防科学技术工业委员会的机构设置，将原国防科工委除核电管理以外的职责都纳入新成立的工业和信息化部，同时成立国家国防科技工业局。国防科工局具体负责组织管理国防科技工业计划、政策、标准及法规的制定与执行情况的监督。原总装备部及军改后的军委装备发展部负责全军武器装备的订货、采购、维修的管理工作，与国家国防科工局之间是装备订货和组织生产的关系，是需要和供应的关系。

2) 一体化采购与国防科技工业管理体制的矛盾

(1) 一体化采购要求的经费统筹使用与现行国防工业投资管理体制存在矛盾。一体化采购，是根据军方需要对装备费进行整合统筹使用，与科工局的条件保障费、技术改造费不能签订全成本合同之间有矛盾，与各集团公司争项目、争投资，形成"大而全、小而全"的垄断格局发生冲突。

(2) 一体化采购要求的竞争性与现行体制下竞争的有限性之间的矛盾。由于军工集团并没有真正形成竞争机制，仍然存在着追求自成体系，

"小而全、大而全"和低水平重复的倾向，因此不利于一体化竞争性采购。

(3) 一体化采购要求的研制与生产相结合与现行体制下的研制与生产分离之间的矛盾。由于军工研究院所采取事业编制，军工生产单位采取企业编制，造成我军装备研制与生产脱节，企业研制开发能力弱，而科研单位又从事相对劣势的生产活动，降低了我军装备的科研生产能力。这与一体化采购所要求的研制与生产相结合不相适应。

3) 解决问题的思路

(1) 装备采购制度改革与国防科技工业改革同步协调进行。国防科技工业改革是装备采购制度改革的前提之一，反过来，装备采购制度改革又可以促进国防科技工业的改革。长期以来，导弹武器装备承制单位由于受计划经济的影响，自成体系，自我封闭，基本处于垄断局面。这已成为当前装备采购制度改革的重要制约因素之一。要确保装备采购制度改革的顺利实施和取得实际成果，必须在装备采购制度改革的同时，加大推进国防科技工业特别是垄断行业改革的力度，做到装备采购制度改革与国防科技工业改革齐头并进，相互促进。

(2) 加快改革国防军工投资体制。建立国防军工固定资产投资和基建技改投入面向所有军品研制生产企业，包括国防军工企业和民营企业，特别是一些关键配套产品的民营企业的投资体制和机制。推动装备采购投资体制改革，加强装备科研费、购置费、维修费与条件保障费、基建技改费的整体协调和统一管理。建议分两步协调装备科研、购置费用与基建技改费用的关系。第一步形成以装备研制、购置计划为主体，国防军工固定资产投资计划和基建技改计划相配套的"主从结构式"计划编制体制，进行一体化编制。第二步将目前的装备科研费、购置费与基建技改费进行统筹管理，重大项目也可由军方按合同要求提供条件保障。

(3) 加强研制与生产的结合。一要走大集团战略，加大企业的研发能力，将军工企业做大做强；二要使科研企业向生产延伸，在不断提高科研能力的前提下，加强科研企业生产能力建设；三是整合现有研制企业与生产企业，通过股份制的方式，实现强强联合。

3. 一体化采购与装备投资体制的矛盾

1) 装备投资体制的现状

装备投资是指为形成装备实力而投入到装备领域的装备科研费、购置费和维修费以及投入到国防科技工业领域的条件保障费和技术改造费。装备投资体制是指武器装备建设投资主体在机构设置、领导隶属关系和管理权限划分等方面的体系、制度、方法、形式的总称，主要包括投资结构、组织方式和管理制度。

1985 年以前，装备购置实行包干制，即国防工业部门按计划生产多少装备就收购多少装备的制度。从 1985 年开始，装备购置改为拨款制，即国家拨多少钱就买多少装备的制度。1987 年，国务院、中央军委发布了《国防科研试制费拨款暂行办法》和《武器装备研制合同暂行办法》。这一改变，促使装备部门不断加强装备建设的经费控制问题。1992 年底，军委又决定将装备维修管理费划归装备财务管理，并与装备购置费一起统一分配使用。这一改革，实现了"两费"集中管理的目标。1998 年成立总装备部，军委明确要求装备部门集中统一管理各项装备经费，它包括装备科研试制费、装备购置费和装备维修费。这样，武器装备经费实现了集中统管，为一体化装备采购奠定了体制基础。这是装备财务管理体制的一次根本性变革，有力地促进了我军武器装备现代化建设的进程。2016 年成立的军委装备发展部沿袭了原总装备部的职责。

2) 一体化采购与装备投资体制的矛盾

(1) 军工基本建设投资与军方有关经费不能统筹合一签订全成本合同。目前国家既对军方提供装备费，也给军工部门提供基本建设投资，由于军工基本建设投资与军方有关经费不能统筹合一签订全成本合同，军工企业按照投资形成资产、资产提取折旧、折旧进入成本、成本进入价格的价格管理办法，据测算，每年基建投资形成的资产提取的不合理折旧高达70 亿元左右，即国家无偿投入的技改越多，装备成本价格就越高，装备经费支出也越大，造成"两份钱办一件事"。

(2) 科研费、采购费和维修费切块管理。总装成立后，实现了科研费、采购费、维修费三费统一由总装管理的体制，但在实际运行过程中，科研费、采购费和维修费仍然是切块管理。武器装备研制、生产和维修三项活动分属不同的主体，科研费、采购费和维修费不能进行统筹，相互脱节，没有进行全系统全寿命管理。

3) 解决矛盾的基本思路

(1) 实施全成本合同。为营造公平竞争环境，减少不必要的重复建设，实现全成本合同管理，提高国防经费整体使用效益，建议尽快改变现行带有浓厚计划经济色彩的国防军工条件保障建设投资体制，将军工条件保障建设经费与装备建设经费集中统一管理，纳入装备科研生产项目的合同标的，竞争择优安排。

(2) 加强装备科研费、购置费和维修费统筹。实现武器装备科研费、采购费和维修费的合理分配，第一步要实行区间分配，即保持"三费"各自在一定的区间内上下浮动，而不是保持一个值固定不变，这样有助于提高装备经费满足军事需求的程度和使用效益；第二步是在项目全寿命管理情况下，在宏观上在最大限度满足军事需求的前提下，实现"三费"统一筹划，统一安排，不预设比例，实现全寿命费用管理。

4. 一体化采购与国防知识产权的冲突

1) 国防知识产权的基本情况

武器装备知识产权主要是指在武器装备建设活动中所涉及的专利权、技术资料权和版权。美国武器装备知识产权制度是市场经济国家武器装备知识产权制度的典型体现，其产权政策经历了二战后的政府与承包商之间收权政策与放权政策的争论阶段，六七十年代的制定灵活和统一的产权管理政策阶段，到八十年代以后的促进发明商品化阶段。其基本政策内容是：

(1) 承包商保留国家参与投资形成的武器装备知识产权有利于发明的商品化，而且要不断推进其转移和使用并向工作，否则给予惩罚直至撤销其所有权。

(2) 政府用作武器装备采办时对国家参与投资形成的武器装备知识产权可以免费使用，包括承包商许可他人实施执行政府合同所产生的知识产权时，必须采取适当措施，避免政府在装备采办时再支付知识产权使用费。

(3) 政府用于装备采办时，可以侵占承包商自己形成的知识产权，但需要给予知识产权所有人公平的经济补偿。

我国 1984 年颁布并实施了专利法，经过三十多年的努力，我国已经建立起比较完善、基本与国际接轨的知识产权制度。国防专利工作同时起步，成立了隶属原国防科工委的国防专利局，与武器装备知识产权有关的管理工作从专利工作起步，逐步开展开来。

2) 一体化采购与国防知识产权的冲突

(1) 军方国防知识产权和科技成果转化意识淡薄。军队部门对知识产权在武器装备建设中的重要性缺乏应有的重视，装备合同管理人员缺乏知识产权知识。国防科技成果保护、转化的管理观念陈旧，现行政策对权益归属和义务分担等缺乏明晰规定，从而未能充分体现和利用人才、技术、知识的价值，促进技术创新和科技成果向生产力、战斗力转化的激励作用不强。

(2) 军工企业阻碍科技成果转化。由于军工科研与生产承制单位是独立的竞争主体，又缺乏必要的科研成果转让政策规定，许多装备研制经费投入取得的科研成果无法转入装备生产。据军队有关部门反映，在采购某型直升机部件时，航空某所和兵器某所都能进行生产，但兵器某所不把开发部件所需的导弹控制特征数据提供给航空某所。兵器某所称导弹控制数据的知识产权是兵器集团的，使航空某所无法参与竞争，军方多次出面协调都没有结果。

(3) 法规制度不健全，而且已有的规定执行不力。现行的《军品价格管理办法》中没有把知识产权费用列入开支范围。《武器装备研制合同暂行办法实施细则》规定，设计单位内部掌握的设计方法与设计技术，未经整理的试验原始数据、原始软件及制造技术诀窍等资料，都可以不交付，导致研制单位提供的技术资料不全面。特别是缺乏关于国防知识产权保护、转让的管理办法，技术转移不通畅。已有的《国防新科学技术预先研究成果管理暂行规定》对成果登记、通报、产权保护、推广应用等要求也没有得到很好的落实。

(4) 军方拿不到应有的知识产权。武器装备要形成战斗力和保障力，最有效的手段是形成军方自己的保障力量，拥有自己的修理工厂。但现实情况是，由于军队修理厂拿不到研制生产企业的知识产权，尽管这些知识产权是由军方投资形成的，而且在合同中也明确这些知识产权归军方所有，但军工企业不交给军方，严重制约了军方保障力量的形成。而且，承制方在3－5年内有义务为军方提供服务，对工装备件备品也都有明确的价格来搞好装备保障。在这3－5年内，如果军队修理厂可以拿到知识产权，军方就能很容易地形成自己的保障力量，为装备形成持续的战斗力和保障力服务。但是现在拿不到知识产权，就只能受制于军工企业，甚至军工企业对一些工装备件备品也猛要价。

3) 解决冲突的基本思路

(1) 逐步将武器装备知识产权的有偿使用费用纳入成本核算。修订《军品价格管理办法》，引导科研单位重视科技创新，避免重复研制。在武器装备研制生产中，要鼓励研制生产单位积极采用武器装备知识产权，充分利用先进技术，降低生产成本。在武器装备采购过程中，要将武器装备知识产权纳入到采购合同中，保证武器装备交付部队后，能够正常使用维护，尽快形成和保持战斗力。

(2) 要像抓装备一样把装备知识产权牢牢地抓在军方手里。为了在采购阶段和维修阶段以及装备使用过程中，充分发挥装备知识产权的作用，使之不成为一体化竞争性采购的障碍，一是在项目综合立项阶段，就要像重视性能指标一样充分重视装备的知识产权、技术资料，在合同中进行明确；二是在定型阶段，不仅要对军工产品进行定型，而且也要对有关知识产权、技术资料等一并进行验收；三是通过定型后不仅要接收装备，而且要把应属于军方的相应知识产权、技术资料也接收过来，把装备知识产权牢牢地抓在自己手里，为装备生产、维修和使用发挥知识产权的作用创造条件。

(3) 要加强装备知识产权管理。在科研项目立项前，要考察承研单位知识产权状况，并优先考虑在现有知识产权的基础上开展科学研究，避免多头重复研制。下达科研项目要把创造知识产权作为目标之一，特别是对武器装备实现跨越式发展的研究项目，一开始就应当考虑知识产权问题，保证将基础性、前沿性技术领域的自主知识产权，牢牢掌握在我们自己手中。项目执行过程中，要及时申请国防知识产权，保证最新的科技成果既能够广泛传播，也能得到有效保护。项目完成后，要把产生的知识产权数量和质量作为项目完成好坏的评价指标，逐步形成我国国防科技进步和武器装备发展的自主创新体系。

(4) 加快出台《武器装备知识产权的管理办法》。根据国家制定的有关知识产权的有关法律，结合国防知识产权的特点，国防专利局要在制定《武器装备知识产权的管理办法》的基础上，加快出台该办法，以规范国防知识产权的概念、划分、归属及收益分配，明确知识产权的保护和管理措施，为产权管理部门提出法规依据。

5. 一体化采购对装备采购管理体制改革的要求

1) 我军现行装备采购管理体制情况

我军装备采购实行军委统一领导和军兵种分散实施相结合的管理体制。军委装备发展部全面领导装备采购，负责制定政策、法规，拟制、审批和下达装备中长期和年度采购计划，并监督实施；军兵种装备部与军委机关分管有关装备的部门负责本部门装备采购政策、法规的制定，在军委装备发展部的指导下，负责本单位年度采购计划的组织管理，组织军代表机构或其他机构，通过招标投标等方式选择承制单位，与之订立采购合同，并组织军代表机构或其他机构负责装备采购的具体实施；军事代表机构在上级计划和业务主管部门的组织领导下，根据《军事代表工作条例》的有关规定，做装备的质量监督、检验验收、交接发运和服务保障等项工作，监督合同的正常履行。这种管理体制的特点是统分结合，职责明确，既有集中统一，又有业务自主，其中宏观政策和计划协调由总装备部统筹，项目管理和计划落实由各军兵种装备部与总部分管有关装备的部门分管，具有较高的装备采购效率。

2) 装备采购管理体制改革的基本情况

1998年成立的总装备部改变了以往多头分散的管理体制，理顺了装备科研生产、购置和维修方面的关系，实现了集中统一管理，使我军装备建设和管理步入了新的阶段。国务院在新的国防科工委和总装备部职能分工中明确表示："总装备部业务归口的装备使用部门和国防科工委归口管理的军工科研生产单位，是装备采购和组织生产的关系，是需要与供应的关系"。确立了供需分开、政企分开的体制和供需订货关系。装备采购按照合同关系和市场经济发展新形势，对指令性计划下合同制和装备采购运行机制进行了一系列的调整和改革，根据建立和完善"四个机制"的重要指示，装备采购改革力度进一步加大。2000年12月18日发布的《中国人民解放军装备条例》，已明确规定武器装备采购"实行合同制管理"，取代了装备采购"实行国家指令性计划下的经济合同制"，为建立与社会主义市场经济相适应的装备采购运行机制提供了支撑。军委于2005年12月18日转发了四总部《关于深化装备采购制度改革若干问题的意见》，提出"推动装备、购置、维修保障一体化管理""建立装备采购各阶段工作协调机制"和"大力推进竞争性装备采购"。军委机关分管有关装备的部门和军兵种装备部在探索装备采购运行机制改革和实行一体化竞争性采购试点方面做了大量工作，取得了一定的成效。

3) 一体化采购对采购管理体制改革的基本要求

装备采购管理体制是装备采购运行机制的核心，对采购模式和采购效率效益必然产生重大影响，现有的装备采购管理体制已经不能完全适应市场价值规律和一体化竞争性采购的运行，一体化采购对现有的装备采购管理体制改革提出了新的更高的要求。

(1) 要与国家、军队、企业的体制改革相适应。武器装备采购本身就是政府采购的一个重要组成部分，装备采购的一些改革举措关联到国防科技工业部门的相应改革，它的改革完善必须以保证大系统功能的有效发挥为前提，根据大系统改革完善的总体目标和规划有步骤地实施。因此，一体化采购要遵循国家政府采购制度的精神，按照全系统全寿命管理观念，完善装备管理体制和运行机制，同时又必须根据国家经济体制调整改革的进程而相应实施，超前或滞后都会对武器装备的发展产生不利的影响。但是，军队毕竟是武器装备的最终用户，武器装备采购管理体制改革一定要突出军队的主体地位，把军队自己的事情理顺，改革要实行集中统一领导，从实际出发，重点突破，循序渐进，妥善处理好改革、稳定、发展的关系。要以改革促进和推动装备的发展，既不能因装备采购任务重而影响改革，也不能因改革而影响装备采购任务的完成。

（2）要求研制、采购、维修的计划一体化。计划一体化，就是要求在项目研制甚至是预研之初便对整个项目的全寿命周期工作计划做出统筹安排，有利于认清约束条件，合理地使用各种资源，明确分工和职责，便于对实施的工具、方法和步骤从宏观上进行把握，从而充分发挥海军装备经费的使用效益。加强装备采购项目预研、研制、订购、维修保障的整体谋划，统筹安排和协调实施，强化各阶段的有机联系，建立各阶段各部门之间的协调机制，做好计划的一体化，有效落实采购的一体化，否则，令出多门、各自为政的局面很难改变。

（3）对机构设置进行调整和精简。根据"帕金森"定律可知，组织的规模越大，成员越多，关系就越复杂，效率就越低。一体化采购要实现提高效率效益的目标，必须要精简机构，减少层次，坚持"因事设人"的原则，根据工作实际需要，科学合理地设置机构和人员。其次要强化系统和综合管理职能，改变管理上层次重复、机构职能交叉的"条块分割"状况。对一体化采购的装备项目要设立项目办公室，在采购执行层实行科研、订货、维修全寿命一体化管理；还要设立具体的协调机构，系统筹划总装备部、总部分管有关装备部门和军兵种装备部门、军事代表机构三级采购组织体系，对采购管理职能、采购方式、采购工作程序进行必要的调整和改革，要进行采购法规、采购队伍、采购信息管理等采购制度改革的配套建设。

（4）竞争择优要求。一体化采购要按照政府采购制度的公平竞争原则，积极引入竞争机制，推行多种竞争性采购方式，逐步减少单一来源采购，使竞争性采购成为装备采购的主要手段。要按照装备项目情况实行分类、分层次、分阶段竞争，采购方式要由采用单一来源采购方式为主转变为采用公开招标、邀请招标、竞争性谈判、询价采购等竞争性采购方式为主。装备采购的定价方式要由审价为主过渡到以竞价为主。在对承制单位的竞争择优选择上，要打破军民界限和部门界限，实行公平、公正、适度公开的竞争，无歧视地对待所有供应商，把装备采购建立在利用全国最先进的科学技术和工业基础之上。任何单位和个人，不得采用任何方式阻挠和限制供应商自由进入装备采购市场。

(5) 有效监督要求。一体化采购要运用多种监督方式，建立有效监督机制，强化对装备采购各个阶段、各个环节的监督，营造公正、诚实、有信用的采购环境。装备采购决策管理部门和执行部门要相对分开，装备采购部门要在统一计划下实行 5 种职能 (计划制定、合同订立、合同监管、合同付款、合同经费审计) 相对分开、相互配合、相互制衡的运行机制。要提高单一来源采购和竞争性采购的透明度，加强立法规范和法规的公开性，依法管理装备采购合同，加强对承制单位的履约监督，维护装备采购合同的法律效力。要进一步加强装备采购的科学评价和全方位监督，装备采购不仅要接受军队内部的行政、纪检和审计监督，而且要接受外部监督，包括国家政府部门、装备承制单位，以及公众和社会舆论的监督，做到有法必依，违法必究，将装备采购所有活动和所有当事人置于监督之下，保障装备采购健康、有序、规范地进行。

第五章　装备一体化采购效益与风险分析

第一节　效益与风险模型的建立

总的来说，装备项目开展一体化采购，主要目的是希望通过一体化采购，尽可能解决项目采办过程中出现的"拖(进度)、降(性能)、涨(经费)"问题。这是因为在一体化采购中，军方和总承包方可以在项目之初就对整个资源进行整合统筹，做出合理分配和安排，从而使得采购的全寿命过程整体效益最大。例如，军方可以合理安排经费，通过提高前期对装备保障性和可维修性设计的投入，提高装备服役后的适用性，降低装备保障的费用；通过预研、研制、生产以及初始保障合同的捆绑，促进企业降低成本，从而较好地控制经费超概算情况的出现，以节省采购经费和维修保障经费；通过与总承包方在研制阶段就签订一揽子合同，使承制方可以在研制阶段就提前进行装备的生产准备，从而节约时间，即缩短装备交付进度预期。

与分阶段采购相比，一体化采购对军方在计划管理、经费概算预测、进度控制等方面提出了更高的要求，而这些要求的达到都是以军方各部门之间的密切配合为基础的。但是在现有环境下，军方各部门之间的协调程度还无法达到较高的水平，从而可能会影响一体化采购效益的实现。这也正是一体化采购的风险之所在，即军方各部门之间的协调程度是主要的风险因素。

与分阶段分块采购相比，一体化采购的效益与风险主要体现在三个方面。

1. 提高装备性能方面的效益与风险

1) 效益分析

对于一个装备项目，其性能(包括技术性能、可靠性、维修性、测试性、安全性、环境适应性等方面)目标的实现在很大程度上取决于研制阶段的设计、测试、试验等工作，而这些工作都需要研制经费的投入。因此，在其他因素保持一定的条件下，性能目标实现的可能性与研制阶段投入的费用之间存在一种正相关的关系，即投入越高，性能目标实现的可能性就越大。如果投入的研制费为0，则性能目标实现的可能性为0，但随着投入的增加，性能目标实现的可能性提高的效果(或者称之为研制费的边际效益)不断降低，因此，可以认为性能目标实现的程度 P 与研制费投入 c_y 之间构成一种单调函数关系。即：

$$P = F(c_y)$$

其函数曲线形状大致如图 5-1 所示。

具体函数的形式以及表达式可以通过分析历史资料或者专家根据经验打分来确定。

在一体化采购中，由于可以对研制费、购置费和初始保障费进行统筹安排，因此，为了提高性能目标实现的可能性，可以从购置费或初始保障费中调整出一部分经费先期投入到研制阶段，从而使得研制阶段的经费投入增加，假设分阶段采购时投入的研制费

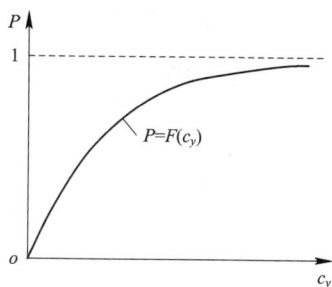

图 5-1

为 c_{y1}，性能目标实现的概率或程度为 P_1，进行一体化采购能从购置费或初始保障费中调整出 a 倍 c_{y1}，则一体化采购投入的研制费为

$$c_{y2} = (1 + a)c_{y1}$$

再假设一体化采购相应的性能目标实现的概率或程度为 P_2，用分布图表示如图 5-2 所示。

2) 风险分析

在一体化采购中，为了提高装备的性能质量，需要提前从购置费和初始保障费用中调整出一小部分来增加研制阶段的投入。与分阶段采购相比，需要在计划环节对研制费、

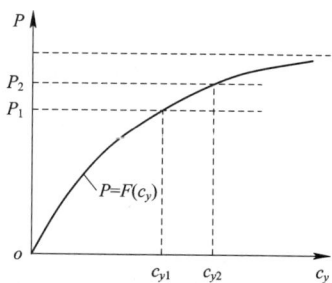

图 5-2

购置费、维修保障费等经费进行调整，但是，在现行的装备经费管理体制下，研制费、购置费、维修保障费的管理是各自独立的。因此，要从购置费或初始保障费中调整经费到研制费中，存在较大的难度。而且需要调整经费的数量越大，对其他项目的冲击和影响就越大，受到的制约就越大，也即在计划环节实现经费调整的难度就越大，这就是一体化采购在提高装备性能方面存在的风险。

假设需要调整的经费与研制费的比率为 $a(a \geq 0)$，各部门(主要指与经费调整相关的各计划部门)之间的协调程度为 $\lambda(0 < \lambda \leq 1)$，实现经费调整的难度为 Q。在其他条件保持不变的情况下，Q 与 a、λ 直接相关：调整的经费数量越大(即 a 越大)，调整的难度越大(即 Q 越大)；各部门之间的协调程度 λ 越差(即 λ 越小)，调整的难度越大(即 Q 越大)。也就是说，Q 与 a 之间、Q 与 λ 之间均构成单调递增的函数关系构成单调递减的函数关系，即

$$Q = G(a, \lambda)$$

且 a 与 λ 相互独立，随着 a 的增加，难度 Q 增加的速度越来越快，即 a 的边际效益增加；随着 λ 的减小，难度 Q 增加的速度越来越快，即 λ 的边际效益增加。

根据以上分析，可以确定当 λ 为某一定值 λ_0 时，Q 与 a 之间的函数曲线形状大致如图 5-3 所示。

当 a 为某一定值 a_0 时，Q 与 λ 之间的函数曲线形状大致如图 5-4 所示。

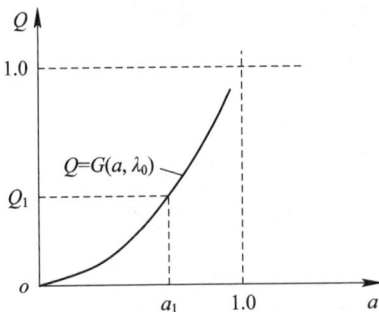

图 5-3

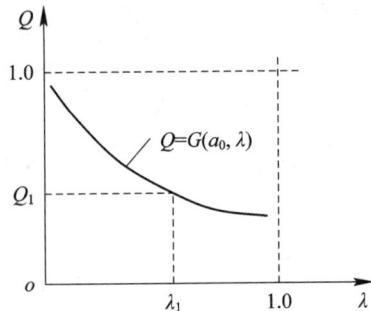

图 5-4

具体函数的形式以及表达式可以通过分析历史资料或者专家根据经验打分来确定。总之，当 a 和 λ 确定时，可以确定风险值。

2. 减少经费超概(预)算方面的效益和风险

1) 效益分析

由于武器装备技术的复杂性，经费需求的预测往往不准确，再加上管理方面的不确定因素，项目在执行过程中，装备的经费需求一般都会超出军方计划的经费概算或预算。超出概(预)算的比例在一定的管理体制和管理水平下，主要与项目本身的技术复杂程度有关，并且作为一个随机变量，其分布可以根据经验和历史资料确定相应的形式。

对于分阶段采购而言，每个阶段都有经费超概(预)算的可能。

在研制阶段，设研制费超概(预)算额占研制费概(预)算额的比例(简称研制费超概(预)算比例)为 b_1，记其分布函数为 $F(b_1)$，有

$$P = F(b_1) \quad (b_1 \leqslant b_{11})$$

该式表示研制费超概(预)算比例不超过 b_{11} 的概率。根据经验和历史资料可以认为其服从某种分布(例如正态分布)，如图 5-5 所示。

通过分析历史数据或者专家打分确定几个关键点，就可以确定其分布曲线。

在装备生产订货阶段，设购置费超概(预)算额占购置费概(预)算额的比例(简称购置费超概(预)算比例)为 b_2，记其分布函数为 $F(b_2)$，有

$$P = F(b_2) \quad (b_2 \leqslant b_{21})$$

该式表示购置费超概(预)算比例不超过 b_{21} 的概率。根据经验和历史资料可以认为其服从某种分布(例如正态分布)，如图 5-6 所示。

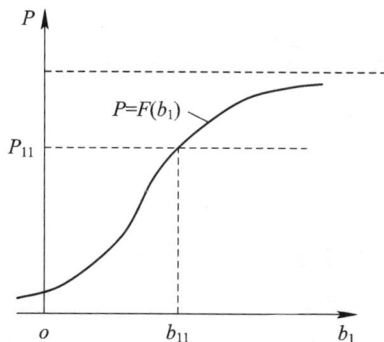

图 5-5

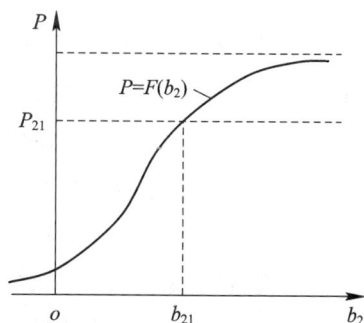

图 5-6

通过分析历史数据或者专家打分确定几个关键点，就可以确定其分布曲线。

在初始保障阶段，设初始保障费超概(预)算额占保障费概(预)算额的比例(简称初始保障费超概(预)算额比例)为 b_3。记其分布函数为 $F(b_3)$，有

$$P = F(b_3) \ (b_3 \leqslant b_{31})$$

该式表示初始保障费超概(预)算比例不超过 b_{31} 的概率。根据经验和历史资料可以认为其服从某种分布(例如正态分布)，如图 5-7 所示。

通过分析历史数据或者专家打分确定几个关键点，就可以确定其分布曲线。

对于一体化采购而言，由于与总承包方签订的是一揽子的捆绑式合同，所以在这种模式下，超概(预)算的是总经费。设总经费超概(预)算额占总经费概(预)算额的比例(简称总经费超概(预)算比例)为 b_4。记其分布函数为 $F(b_4)$，有

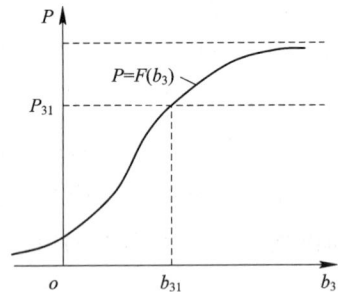

图 5-7

$$P = F(b_4) \ (b_4 \leqslant b_{41})$$

该式表示总经费超概算比例不超过 b_{41} 的概率。根据经验和历史资料可以认为其服从某种分布(例如正态分布)，如图 5-8 所示。

通过分析历史数据或者专家打分确定几个关键点，就可以确定其分布曲线。

在一体化采购中，总承包方能一次性看到的预期经费投入比分阶段采购的要多很多，而且对经费的合理分配使用的余地更大，因而项目的利润能得到较好的保证。所

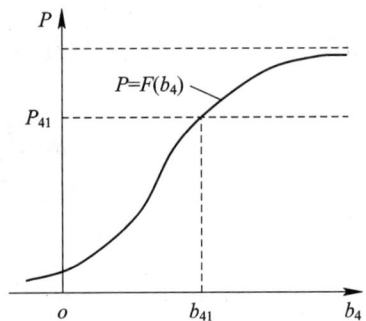

图 5-8

以，从理论上讲，在项目的执行过程中，与分阶段采购相比，项目总经费超概(预)算的可能性要小，相当于可以降低总经费超概(预)算比例(期望)。

因此，根据已知的经费概算或预算，通过以上确定的各经费超概(预)算比例的分布曲线，可以比较一体化采购与分阶段采购在一定概率水平下

(例如平均水平或可能性为 0.8 时)经费超概(预)算的数额，从而可以得到一体化采购所产生的效益。

例如，假设分阶段采购研制费的概算为 C_1，购置费的预算为 C_2，初始保障费的预算为 C_3，函数 $E(*)$ 表示函数 $F(*)$ 的期望，则在平均水平下，分阶段采购平均超概(预)算的数额为

$$C_1 \cdot E(b_1) + C_2 \cdot E(b_2) + C_3 \cdot E(b_3)$$

一体化采购超概(预)算的数额为

$$(C_1 + C_2 + C_3) \cdot E(b_4)$$

因此，在平均条件下，一体化采购与分阶段采购相比，所产生的效益即为可以减少经费超概(预)算的值：

$$C_1 \cdot E(b_1) + C_2 \cdot E(b_2) + C_3 \cdot E(b_3) - (C_1 + C_2 + C_3) \cdot E(b_4)$$

2) 风险分析

在一体化采购中，由于实行的是一揽子合同，所以现行体制下，对军方而言，需要不同的业务管理部门之间有效地协调，而且各部门之间的协调程度对总经费超概(预)算有较大的影响，如果协调程度不好，则经费超概(预)算的可能性会增大。也就是说，各部门(主要是指与项目执行以及经费管理相关的各业务部门)之间的协调程度 λ $(0 < \lambda \leqslant 1)$ 影响总经费超概(预)算比例 b_4 的分布曲线 $F(b_4)$。例如，当各部门之间的协调程度分别为 λ_1、$\lambda_2(\lambda_1 < \lambda_2)$ 时，有如图 5-9 所示的关系曲线。

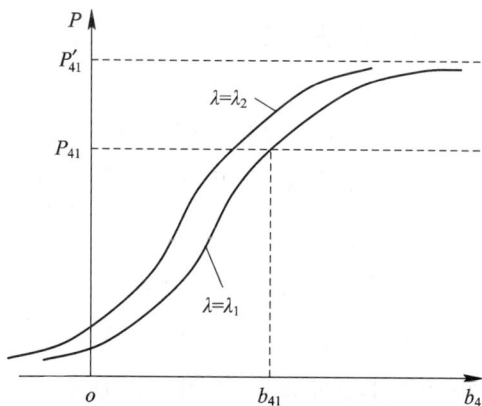

图 5-9

因此，根据经验或通过专家打分，可以确定在不同的 λ 条件下相应的分布曲线，从而可以求得在一定概率水平(例如平均水平或概率为 0.8 时)下相应的经费超概(预)算比例，将该值与理想条件下(即 $\lambda=1$ 时)的相应概率水平的经费超概(预)算比例进行比较，就可以得到不同的 λ 条件下一定概率水平时的风险值 R。

在平均水平(概率为 0.5)下：

$$R_{0.5,\lambda} = \frac{E_{0.5,\lambda}(b_4) - E_{0.5,L}(b_4)}{E_{0.5,L}(b_4)}$$

其中，下标 L 表示理想条件。

在概率为 0.8 水平下：

$$R_{0.8,\lambda} = \frac{E_{0.8,\lambda}(b_4) - E_{0.8,L}(b_4)}{E_{0.8,L}(b_4)}$$

3. 提高进度方面的效益和风险

1) 效益分析

由于武器装备技术的复杂性，进度需求预测往往不准确，再加上管理方面的不确定因素，项目在执行过程中，实际进度往往要超出预期的进度。进度超预期的比例 d 在一定的管理体制和管理水平下，其主要与项目本身的技术复杂程度有关，并且作为一个随机变量，其分布形式可以根据经验和历史资料确定。(注：这里的进度特指从项目开始研制到首制装备交付的时间。)

对于分阶段采购而言，研制阶段和生产阶段都有进度超预期的可能。

在研制阶段，设实际进度超出预期进度的比例为 d_1，记其分布函数为 $F(d_1)$，则有

$$P = F(d_1) \quad (d_1 \leqslant d_{11})$$

该式表示研制阶段实际进度不超过 d_{11} 的概率。根据经验和历史资料可以认为其服从某种分布(例如正态分布)，如图 5-10 所示。

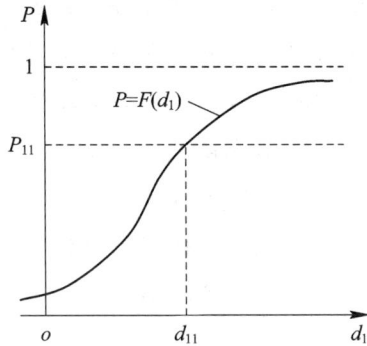

图 5-10

通过分析历史数据或者专家打分确定几个关键点，就可以确定其分布曲线。

在装备生产订货阶段，设实际进度超出预期进度的比例为 d_2，记其分布函数为 $F(d_2)$，则有

$$P = F(d_2) \qquad (d_2 \leqslant d_{21})$$

该式表示生产阶段实际进度不超过 d_{21} 的概率。根据经验和历史资料可以认为其服从某种分布(例如正态分布)，如图 5-11 所示。

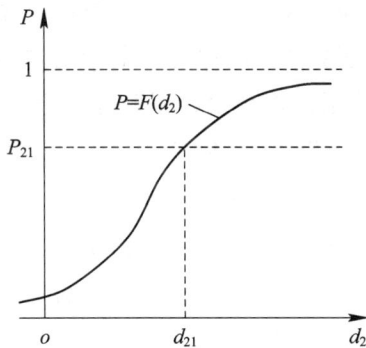

图 5-11

通过分析历史数据或者专家打分确定几个关键点，就可以确定其分布曲线。

对于一体化采购而言，由于军方与总承包在研制阶段就签订了一揽子合同，而不像分阶段采购需要分阶段签订合同，因此承包方在研制阶段就可以提前进行装备的生产准备，而不必像分阶段采购那样必须等装备通过

设计或生产定型并且签订订货合同以后才开始相关的准备工作，因而，从理论上讲，一体化采购可以节约时间，即缩短装备交付进度预期。

但一体化采购也存在实际进度超预期的可能性，设一体化采购中总进度超出预期的比例为 d_3，记其分布函数为 $F(d_3)$，则有

$$P = F(d_3) \quad (d_3 \leq d_{31})$$

该式表示总进度不超过 d_{31} 的概率。根据经验和历史资料可以认为其服从某种分布(例如正态分布)，如图 5-12 所示。

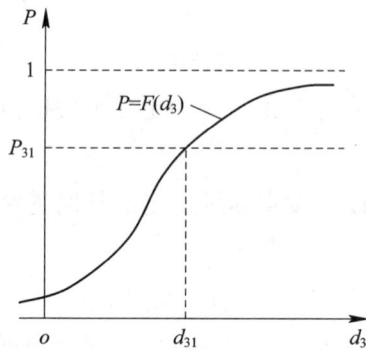

图 5-12

通过分析历史数据或者专家打分确定几个关键点，就可以确定其分布曲线。

因此，根据已知的进度预算，通过以上确定的各进度超预期比例的分布曲线，可以比较一体化采购与分阶段采购在一定概率水平下(例如平均水平或可能性为 0.8 时)进度超预期的时间，从而可以得到一体化采购在提高进度方面所产生的效益。

例如，设分阶段采购研制阶段预期的进度为 T_1，生产阶段预期的进度为 T_2，一体化采购预期的总进度为 T_3，则在平均水平(概率为 0.5)下，分阶段采购平均交付进度超预期的时间为

$$T_1 \cdot E(d_1) + T_2 \cdot E(d_2)$$

一体化采购平均交付进度超预期的时间为

$$T_3 \cdot E(d_3)$$

一体化采购与分阶段采购相比，在平均条件下，所产生的效益，即可以减少进度超预期的值为

$$T_1 \cdot E(d_1) + T_2 \cdot E(d_2) - T_3 \cdot E(d_3)$$

2) 风险分析

在一体化采购中，虽然从理论上讲可以提高装备交付进度的预期，但由于实行的是一揽子合同，在现行体制下，对军方而言，各业务部门之间的协调程度对能否实现提高进度还有较大的影响，如果协调程度不好，则进度超预期的可能性要增大。也就是说，各部门(主要是指与项目执行以及经费管理相关的各业务部门)之间的协调程度 $\lambda(0<\lambda\leqslant1)$影响总交付进度超预期比例 d_3 的分布曲线 $F(d_3)$。例如，当各部门之间的协调程度分别为 λ_1、$\lambda_2(\lambda_1<\lambda_2)$时，有如图 5-13 所示的关系曲线。

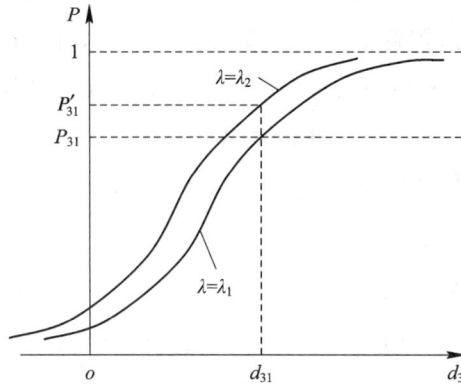

图 5-13

因此，根据经验或专家打分，可以确定在不同的 λ 条件下相应的分布曲线，从而可以求得在一定概率水平 (例如平均水平或概率为 0.8 时)下相应的进度超预期比例,将该值与理想条件(即 $\lambda=1$)下的相应概率水平的进度超预期的比例进行比较，就可以得到在不同的 λ 条件下一定概率水平时的风险值 R。

在平均水平下：

$$R_{0.5,\lambda} = \frac{E_{0.5,\lambda}(d_3) - E_{0.5,L}(d_3)}{E_{0.5,L}(d_3)}$$

在概率为 0.8 水平下：

$$R_{0.8,\lambda} = \frac{E_{0.8,\lambda}(d_3) - E_{0.8,L}(d_3)}{E_{0.8,L}(d_3)}$$

第二节 案 例 计 算

1. 进行案例分析需要输入的值

假设某小型舰对空导弹项目的研制费概算 C_1 为 2000 万，购置费概算 C_2 为 1.5 亿(100 枚，单价 150 万)，形成初始战斗力的保障费用 C_3 为 3000 万。

如果进行分阶段采购，计划的研制进度为 2.5 年，生产周期为 1.5 年，总的交付进度为 4 年，形成初始保障能力的时间为 1 年。年度经费分配情况为：第一年 1000 万，第二年 500 万，第三年 5000 万(500 万 + 30 枚 × 150 万)，第四年付清 70 枚的购置费 1.05 亿。第五年形成初始保障能力 3000 万。

如果进行一体化采购，总经费不变，仍为 2 亿。预计总的交付进度为 3.5 年。在制定计划环节中，准备年度经费分配调整为：从第三年的购置费中调整 400 万到第一年投入。

2. 效益和风险计算

1) 提高装备性能方面的效益与风险计算

(1) 效益计算。根据前面的分析，性能目标实现的程度 P 与研制费投入 c_y 之间构成一种单调函数关系，即

$$P = F(c_y)$$

且其函数曲线形状大致如图 5-1 所示。

根据经验，当 $c_y=0$ 时，$F(c_y)=0$；当 c_y 很大时，$F(c_y)$ 接近于 1，因此，可以认为 $F(c_y)$ 的函数具有以下形式

$$F(c_y)=1-e^{-\frac{c_y^k}{c_0}} \quad (c_y \geq 0, \ k>0, \ c_0>0)$$

同时，根据经验，我们认为当投入研制费 1000 万时，性能目标实现的程度为 0.5，投入 2000 万时，性能目标实现的程度为 0.75。根据这两个输入，可以求得 $F(c_y)$ 的参数，$k=1$，$c_0=1442.7$，因此，可以求得分布曲线如图 5-14 所示。

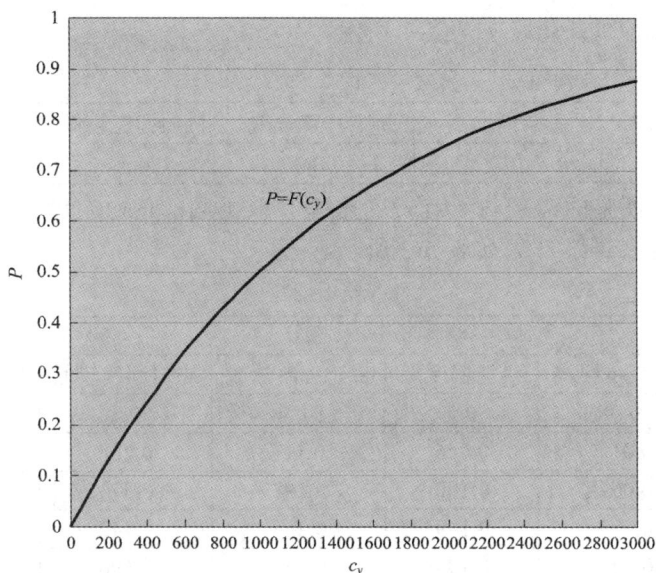

图 5-14

通过一体化采购，如果能从购置费中调整 400 万到第一年投入，相当于研制费投入为 2400 万，根据分布，可以求得性能目标的实现程度为 0.81。从而可以提高性能实现的程度比例为 6 个百分点。

(2) 风险计算。根据前面的分析，已知实现经费调整的难度 Q 和需要调整的经费与研制费的比率 a 之间构成单调递增的函数关系，Q 与各部门之间的协调程度 λ 之间构成单调递减的函数关系。

可以确定当 λ 为某一定值 λ_0 时，Q 与 a 之间的函数曲线形状大致如图 5-3 所示。

当 a 为某一定值 a_0 时，Q 与 λ 之间的函数曲线形状大致如图 5-4 所示。

因此，根据以上分析，可以认为 $G(a，\lambda)$ 具有以下形式：

$$Q = G(a，\lambda)=(\eta \times a^m)\lambda，\ (a \geqslant 0，m>1，\eta>0，0<\lambda \leqslant 1)$$

根据经验，我们认为在理想条件，即各部门之间协调程度为最高级别 ($\lambda=1$) 时：当 $a=70\%$ 时，$Q=0.9$；当 $a=50\%$ 时，$Q=0.6$。将其代入函数关系式，可以求得 $m=1.205$，$\eta=1.383$，因此：

$$Q = G(a，\lambda)=(1.383a^{1.205})\lambda$$

我们可以根据经验，将各计划部门之间的协调程度分为几个等级，根

据经验取相应的 λ 值，如表 5-1 所示。

表 5-1

协调程度很高	协调程度高	协调程度一般	协调程度较低	协调程度很差
0.9	0.7	0.5	0.3	0.1

当需要调整的经费与研制费的比率 a 取不同的值时，就可以计算相应的风险程度。详细计算如表 5-2 所示。

表 5-2

a	λ				
	协调程度很高	协调程度高	协调程度一般	协调程度较低	协调程度很差
	0.9	0.7	0.5	0.3	0.1
0.02	0.019	0.046	0.111	0.268	0.645
0.05	0.052	0.100	0.193	0.373	0.720
0.08	0.087	0.149	0.257	0.442	0.762
0.11	0.122	0.195	0.311	0.496	0.792
0.14	0.159	0.239	0.360	0.541	0.815
0.17	0.196	0.281	0.404	0.581	0.834
0.2	0.234	0.323	0.446	0.616	0.851
0.23	0.272	0.363	0.485	0.648	0.865
0.26	0.311	0.403	0.522	0.677	0.878
0.29	0.350	0.442	0.558	0.705	0.890
0.32	0.389	0.480	0.592	0.730	0.900
0.35	0.429	0.518	0.625	0.754	0.910
0.38	0.469	0.555	0.656	0.777	0.919
0.41	0.509	0.592	0.687	0.798	0.928
0.44	0.550	0.628	0.717	0.819	0.936
0.47	0.590	0.664	0.746	0.839	0.943
0.5	0.631	0.699	0.775	0.858	0.950
0.53	0.673	0.735	0.802	0.876	0.957
0.56	0.714	0.769	0.829	0.894	0.963
0.59	0.755	0.804	0.856	0.911	0.969
0.62	0.797	0.838	0.882	0.927	0.975
0.65	0.839	0.873	0.907	0.943	0.981
0.68	0.881	0.906	0.932	0.959	0.986
0.71	0.923	0.940	0.957	0.974	0.991
0.74	0.966	0.973	0.981	0.988	0.996

可以得到相应的风险程度曲线如图 5-15 所示。

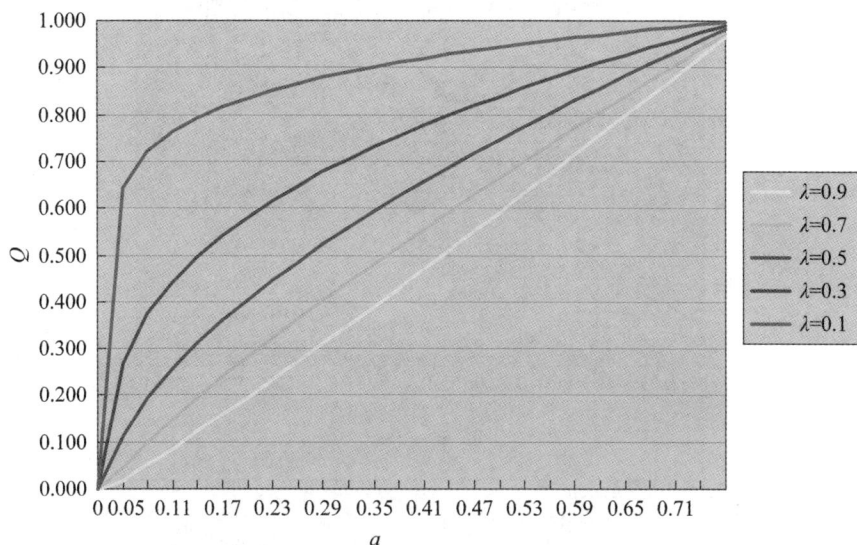

图 5-15

2) 减少经费超概(预)算方面的效益和风险计算

(1) 效益计算。根据前面的分析，我们需要分别确定分阶段采购中研制费、购置费、初始保障费以及一体化采购中总经费超概(预)算比例的分布函数。

根据经验，我们认为以上各种经费超概(预)算比例的分布都服从正态分布。

在分阶段采购中，研制费超概算的情况比较常见，因此，假设研制费不会超概算的概率比较小，设为 0.1，即 $F(0)=0.1$；研制费超概算不少于40%的概率为 0.2，即 $F(40\%)=0.8$。据此可以求得研制费超概算比例 b_1 的概率分布函数 $F(b_1)$ 如图 5-16 所示，从而可以求得平均研制费超概算比例的 $E(b_1)$ 为 24.2%。

在分阶段采购中，购置费超预算的情况要比研制费超概算的情况好一些，所以假设购置费不会超概算的概率为 0.2，即 $F(0)=0.2$；购置费超概算比例不少于 30%的概率为 0.2，即 $F(30\%)=0.8$。据此可以求得购置费超概算比例 b_2 的概率分布函数 $F(b_2)$ 如图 5-17 所示，从而可以求得平均购置费超预算比例的 $E(b_2)$ 为 15%。

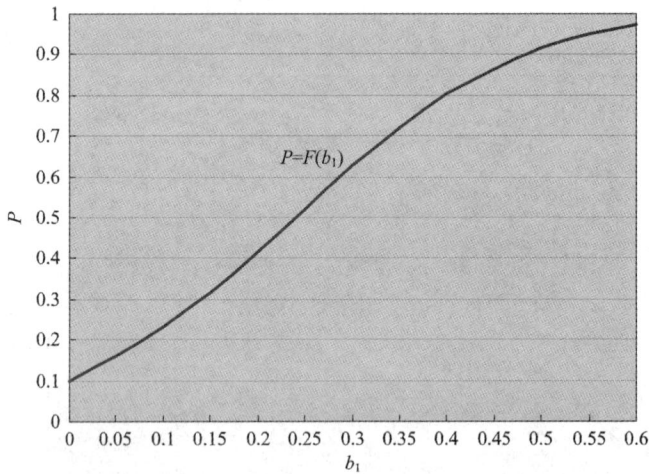

图 5-16

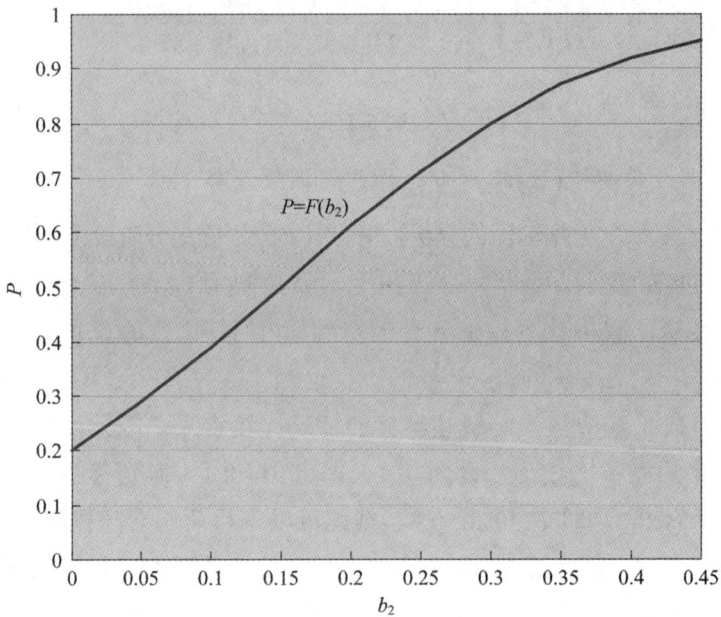

图 5-17

在分阶段采购中，初始保障费超预算的情况也比较常见，因此假设初始保障费不会超预算的概率为 0.2，即 $F(0)=0.2$；购置费超预算比例不少于 40%的概率为 0.1，即 $F(40\%)=0.9$。据此可以求得初始保障费超预算比例 b_3 的概率分布函数 $F(b_3)$ 如图 5-18 所示。

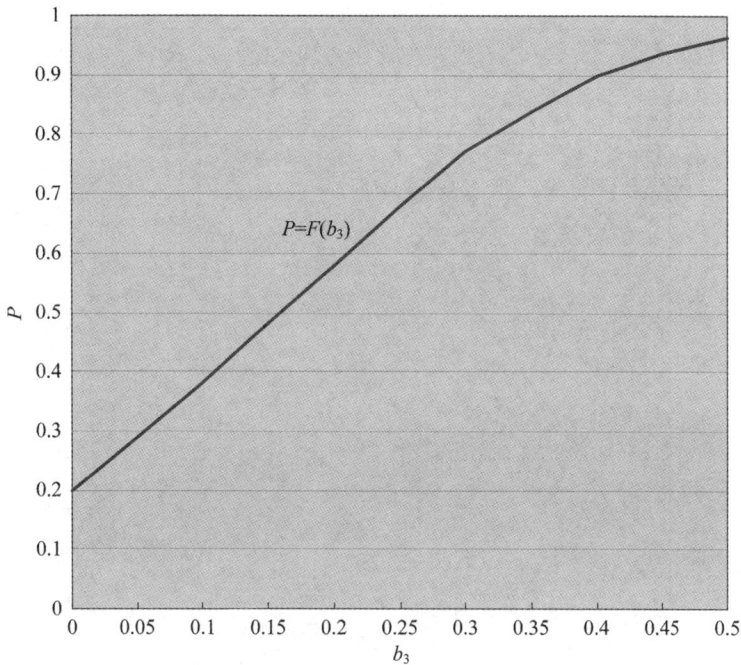

图 5-18

从而可以求得平均购置费超预算比例的 $E(b_3)$ 为 16%。

　　在一体化采购模式中，在不考虑各部门之间协调程度对总经费超概(预)算影响的情况下，我们可以认为总经费不会超概(预)算的概率为 0.2，即 $F(0)=0.2$；总经费不会超概(预)算不少于 20%的概率为 0.2，即 $F(20\%)=0.8$。据此可以求得总经费超概(预)算比例 b_4 的分布函数 $F(b_4)$ 如图 5-19 所示，从而可以求得平均总经费超概(预)算比例的 $E(b_4)$ 为 10%。

　　据此可以求得在平均条件下，一体化采购与分阶段采购相比，所产生的效益，即可以减少经费超概(预)算的值：

$$C_1 \cdot E(b_1) + C_2 \cdot E(b_2) + C_3 \cdot E(b_3) - (C_1 + C_2 + C_3) \cdot E(b_4)$$

$$= 2000 \times 0.242 + 15\,000 \times 0.15 + 3000 \times 0.16 - 20\,000 \times 0.1$$

$$= 484 + 2250 + 480 - 2000$$

$$= 1214(万)$$

即一体化采购与分阶段采购相比，平均经费可以少超概(预)算额 1214 万元。

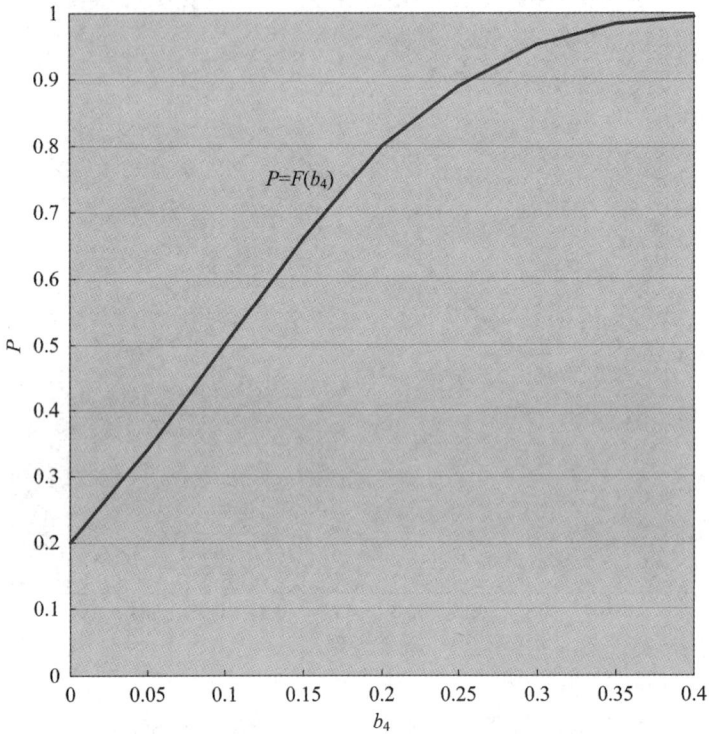

图 5-19

(2) 风险计算。首先,要确定在理想条件下(即 $\lambda=1$ 时)的总经费超概(预)算比例 b_4 的分布曲线 $F(b_4)$。

在前面的效益计算中,我们认为在理想条件下,总经费不会超概(预)算的概率为 0.2,即 $F(0)=0.2$;总经费不会超概(预)算不少于 20% 的概率为 0.2,即 $F(20\%)=0.8$。据此可以求得总经费超概(预)算比例 b_4 的分布函数 $F(b_4)$ 如图 5-20 所示,从而可以求得在理想条件下(即 $\lambda=1$ 时)平均总经费超概(预)算比例的 $E(b_4)$ 为 10%。

其次,可以根据经验,将各计划部门之间的协调程度分为几个等级,λ 根据经验取相应的值(见表 5-1)。

然后,根据 λ 的值,判断总经费超概(预)算比例的概率情况,从而确定相应 λ 值下,b_4 的分布函数 $F(b_4)$。

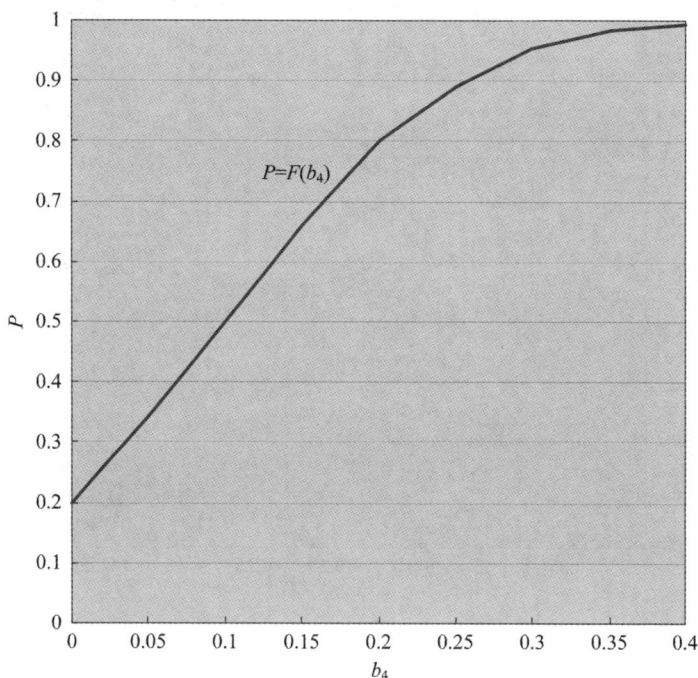

图 5-20

当 $\lambda=0.9$ 时，我们认为总经费不会超概(预)算的概率为 0.18，即 $F(0)=0.18$；总经费不会超概(预)算不少于 20% 的概率为 0.25，即 $F(20\%)=0.75$。据此可以求得总经费超概(预)算比例 b_4 的分布函数 $F(b_4)$ 如图 5-21 所示，从而可以求得当 $\lambda=0.9$ 时，平均总经费超概(预)算比例的 $E(b_4)$ 为 11.5%。

当 $\lambda=0.7$ 时，我们认为总经费不会超概(预)算的概率为 0.15，即 $F(0)=0.15$；总经费不会超概(预)算不少于 20% 的概率为 0.30，即 $F(20\%)=0.70$。据此可以求得总经费超概(预)算比例 b_4 的分布函数 $F(b_4)$ 如图 5-22 所示，从而可以求得当 $\lambda=0.7$ 时，平均总经费超概(预)算比例的 $E(b_4)$ 为 13.3%。

当 $\lambda=0.5$ 时，我们认为总经费不会超概(预)算的概率为 0.12，即 $F(0)=0.12$；总经费不会超概(预)算不少于 20% 的概率为 0.35，即 $F(20\%)=0.65$。据此可以求得总经费超概(预)算比例 b_4 的分布函数 $F(b_4)$ 如图 5-23 所示，从而可以求得平均总经费超概(预)算比例的 $E(b_4)$ 为 15.1%。

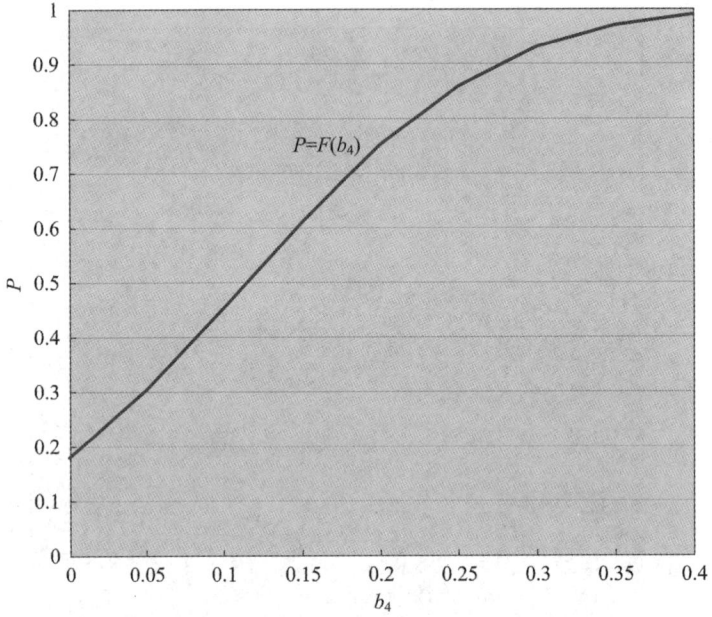

图 5-21

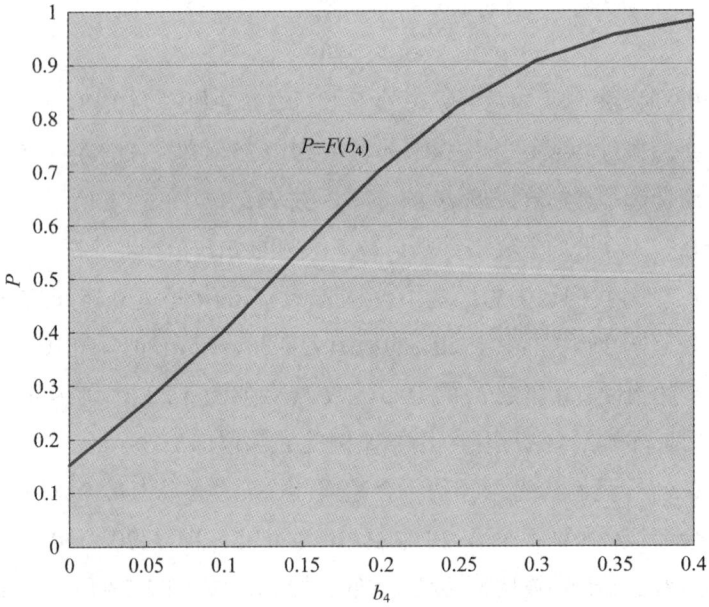

图 5-22

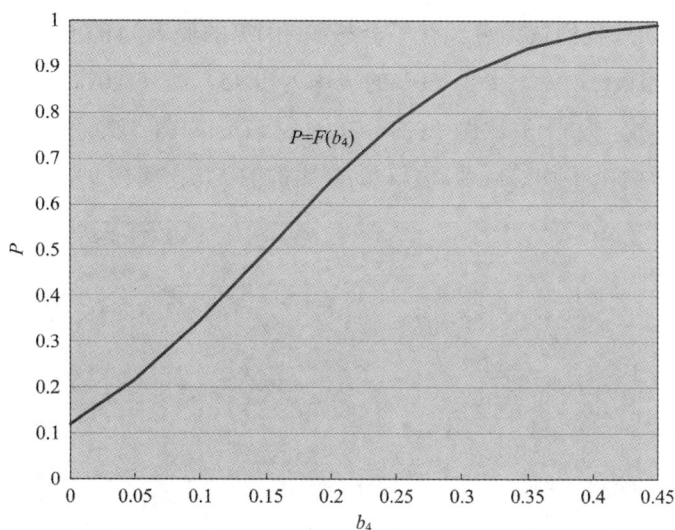

图 5-23

当 λ=0.3 时，我们认为总经费不会超概(预)算的概率为 0.08，即 $F(0)$=0.08；总经费不会超概(预)算不少于 20%的概率为 0.40，即 $F(20\%)$=0.60。据此可以求得总经费超概(预)算比例 b_4 的分布函数 $F(b_4)$ 如图 5-24 所示，从而可以求得当 λ=0.3 时，平均总经费超概(预)算比例的 $E(b_4)$ 为 16.9%。

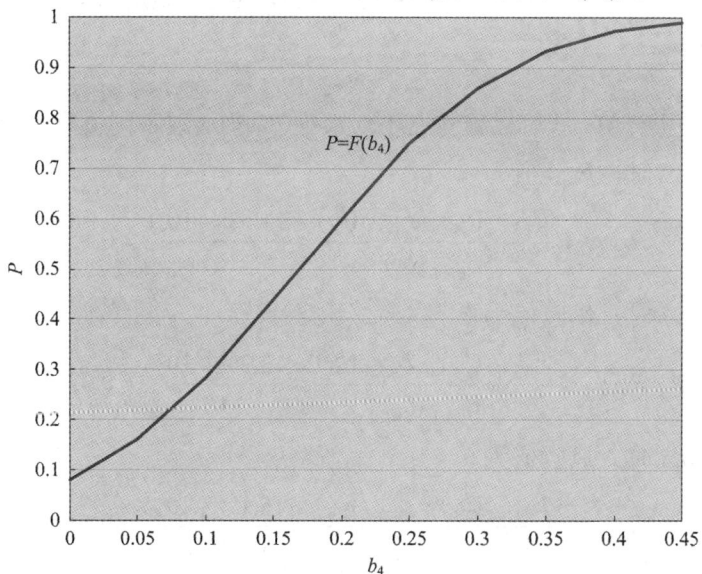

图 5-24

当 λ=0.1 时，我们认为总经费不会超概(预)算的概率为 0.05，即 $F(0)$=0.05；总经费不会超概(预)算不少于 20% 的概率为 0.45，即 $F(20\%)$=0.55。据此可以求得总经费超概(预)算比例 b_4 的分布函数 $F(b_4)$ 如图 5-25 所示，从而可以求得当 λ=0.1 时，平均总经费超概(预)算比例的 $E(b_4)$ 为 19.9%。

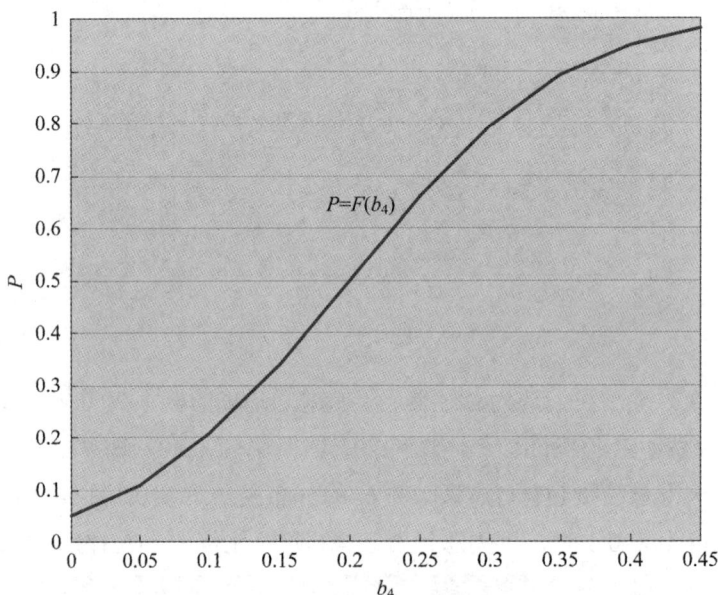

图 5-25

根据以上计算，就可以计算在平均水平下，当 λ 取不同值时的风险值 R。

当 λ=0.9 时，风险值为

$$R_{0.5,0.9} = \frac{E_{0.5,0.9}(b_4) - E_{0.5,L}(b_4)}{E_{0.5,L}(b_4)} = \frac{11.5\% - 10\%}{10\%} = 0.15$$

当 λ=0.7 时，风险值为

$$R_{0.5,0.7} = \frac{E_{0.5,0.7}(b_4) - E_{0.5,L}(b_4)}{E_{0.5,L}(b_4)} = \frac{13.3\% - 10\%}{10\%} = 0.33$$

当 λ=0.5 时，风险值为

$$R_{0.5,0.5} = \frac{E_{0.5,0.5}(b_4) - E_{0.5,L}(b_4)}{E_{0.5,L}(b_4)} = \frac{15.1\% - 10\%}{10\%} = 0.51$$

当 $\lambda=0.3$ 时，风险值为：

$$R_{0.5,0.5}=\frac{E_{0.5,0.3}(b_4)-E_{0.5,\mathrm{L}}(b_4)}{E_{0.5,\mathrm{L}}(b_4)}=\frac{16.9\%-10\%}{10\%}=0.69$$

$\lambda=0.1$ 时，风险值为

$$R_{0.5,0.1}=\frac{E_{0.5,0.1}(b_4)-E_{0.5,\mathrm{L}}(b_4)}{E_{0.5,\mathrm{L}}(b_4)}=\frac{19.9\%-10\%}{10\%}=0.99$$

将以上各点用曲线进行拟合，可以得到在平均概率水平下，风险值 R 与 λ 之间的关系曲线，如图 5-26 所示。

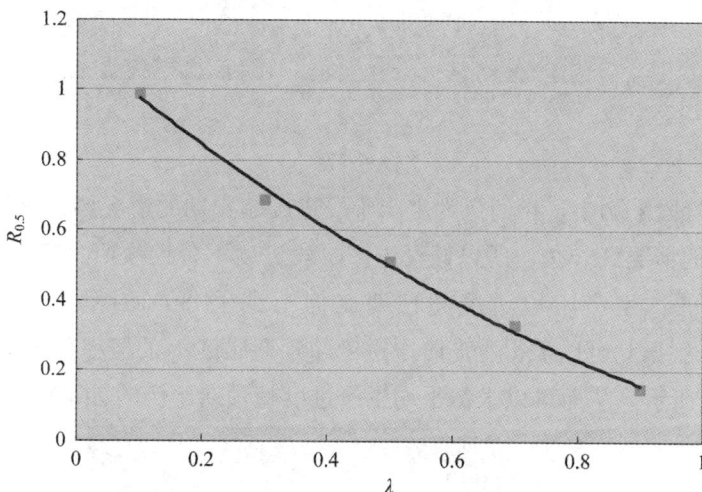

图 5-26

3) 提高进度方面的效益和风险计算

(1) 效益计算。根据前面的分析，我们需要分别确定分阶段采购以及一体化采购中进度超预期比例 d 的分布函数。

根据经验，我们认为以上各种进度超预期比例的分布都服从正态分布。

在分阶段采购中，我们认为研制阶段进度超预期的情况比较常见，因此，可以认为研制阶段进度不会超预期的概率比较小，设为 0.1，即 $F(0)=0.1$；研制进度超过预期的比例不少于 40% 的概率为 0.2，即 $F(40\%)=0.8$。据此可以求得研制进度超概算比例 d_1 的概率分布函数 $F(d_1)$ 如图 5-27 所示，从而可以求得平均研制进度超预期的比例的 $E(d_1)$ 为 24.2%。

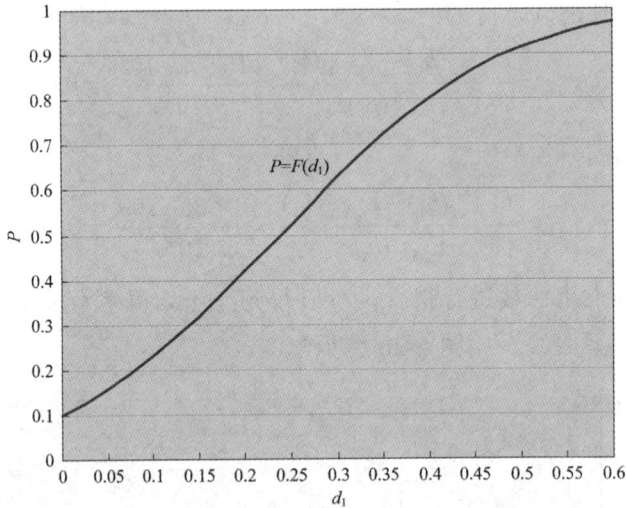

图 5-27

在分阶段采购中，我们认为生产阶段进度超预期的情况要比研制阶段进度超预期的情况好一些，所以假设生产阶段进度不会超预期的概率为 0.2，即 $F(0)=0.2$；生产阶段进度超预期比例不少于 30% 的概率为 0.2，即 $F(30\%)=0.8$。据此可以求得生产阶段进度超预期比例 d_2 的概率分布函数 $F(d_2)$ 如图 5-28 所示，从而可以求得平均生产进度超预期比例的 $E(d_2)$ 为 15%。

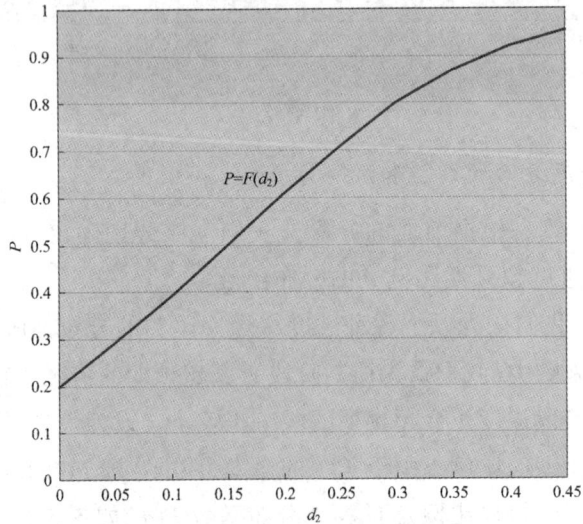

图 5-28

对于总承包方而言，一体化采购中总承包方能提前进行生产准备，因此，进度预期会比分阶段采购要短，但同样存在进度超预期的问题。在不考虑各部门之间协调程度对进度超预期影响的情况下，我们认为在一体化采购模式中，进度超预期的情况好于分阶段采购中的研制阶段，但不如生产阶段，因此，根据经验，我们判断其进度不会超预期的概率为 0.2，即 $F(0)=0.2$；进度超预期比例不少于 30%的概率为 0.3，即 $F(30\%)=0.7$。据此可以求得进度超预期比例 d_3 的概率分布函数 $F(d_3)$ 如图 5-29 所示，从而可以求得平均进度超预期比例的 $E(d_3)$ 为 18.5%。

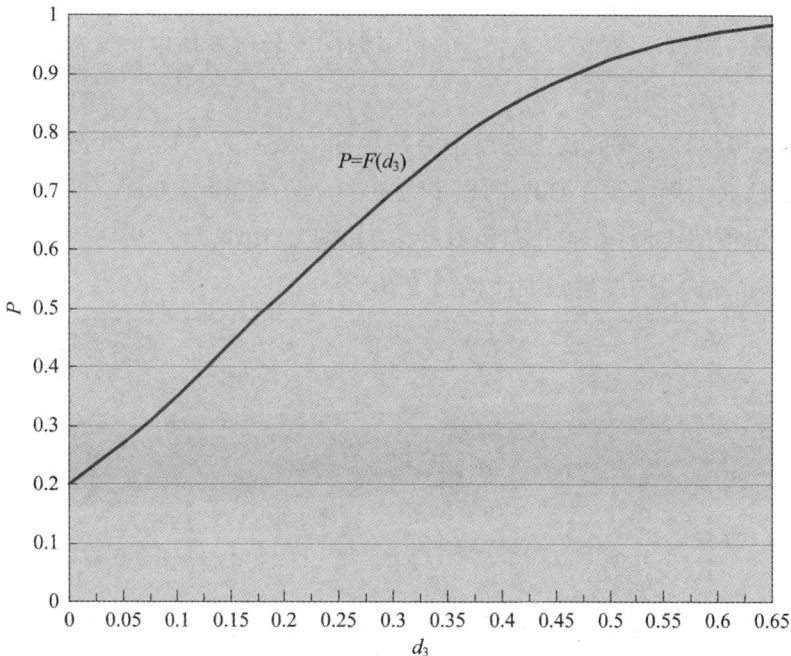

图 5-29

综上，可以求得在平均条件下，一体化采购与分阶段采购相比，所产生的效益，即可以减少进度超预期或提高进度的值。

根据前面的基本假设，分阶段采购研制阶段预期的进度为 $T_1=2.5$ 年=30 月；生产阶段预期的进度为 $T_2=1.5$ 年=18 月；一体化采购预期的总进度为 $T_3=3.5$ 年=42 月。因此有

$$T_1 \cdot E(d_1) + T_2 \cdot E(d_2) - T_3 \cdot E(d_3)$$
$$=30 \times 0.242 + 18 \times 0.15 - 42 \times 0.185$$
$$=2.19(月)$$

即采用一体化采购，平均可以减少进度超预期2个多月。

(2) 风险计算。首先，要确定在理想条件下(即 $\lambda=1$ 时)的一体化采购进度超预期比例 d_3 的分布函数 $F(d_3)$。在前面的效益计算中，我们已经求得在理想条件下(即 $\lambda=1$ 时)平均进度超预期比例的 $E(d_3)$ 为18.5%。

其次，可以根据经验，将各计划部门之间的协调程度分为几个等级，λ 根据经验取相应的值，具体见表5-2。

然后，根据 λ 的值，判断进度超预期比例的概率情况，从而确定相应 λ 值下，d_3 的分布函数 $F(d_3)$。

当 $\lambda=0.9$ 时，我们认为进度不会超预期的概率为0.18，即 $F(0)=0.18$；进度超预期比例不少于30%的概率为0.33，即 $F(30\%)=0.67$。据此可以求得进度超预期比例 d_3 的分布函数 $F(d_3)$ 如图5-30所示，从而可以求得当 $\lambda=0.9$ 时，平均进度超预期比例的 $E(d_3)$ 为20.3%。

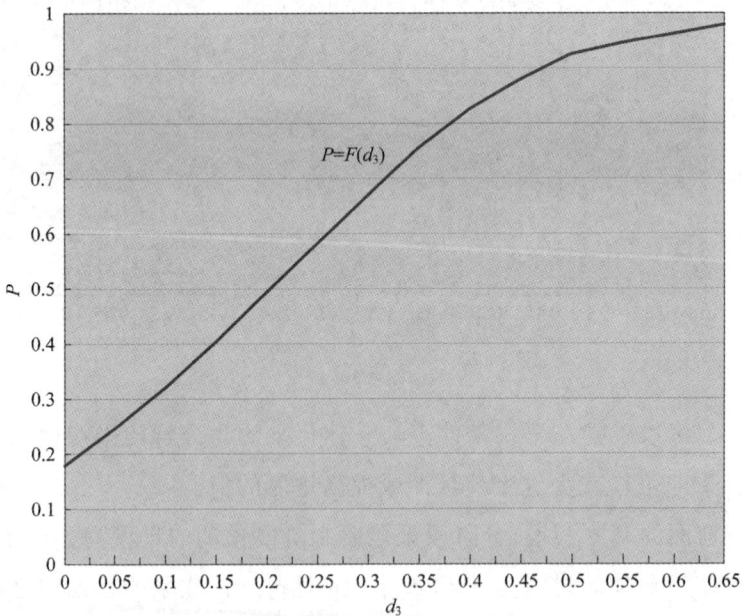

图 5-30

当 λ=0.7 时，我们认为进度不会超预期的概率为 0.15，即 $F(0)$=0.18；进度超预期比例不少于 30% 的概率为 0.35，即 $F(30\%)$=0.65。据此可以求得进度超预期比例 d_3 的分布函数 $F(d_3)$ 如图 5-31 所示，从而可以求得当 λ=0.7 时，平均进度超预期比例 $E(d_3)$ 为 21.9%。

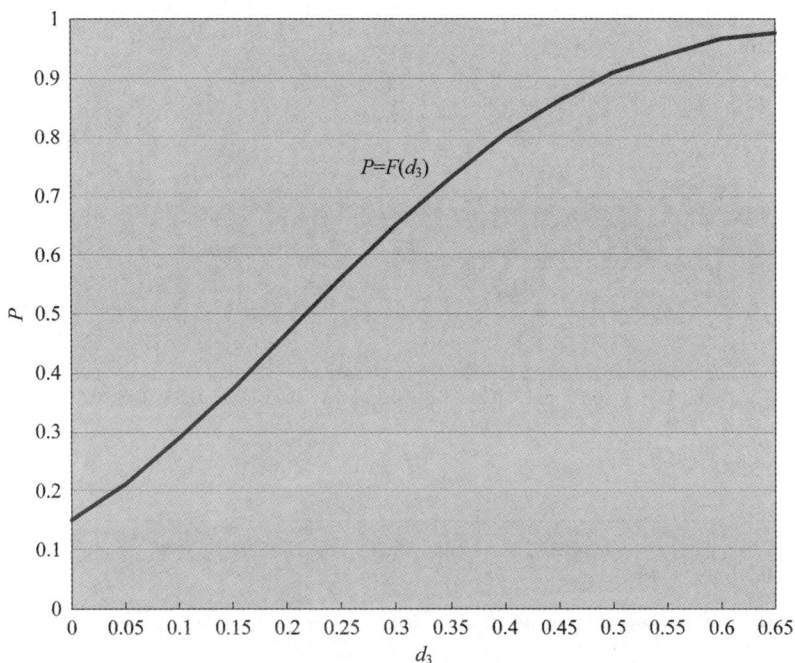

图 5-31

当 λ=0.5 时，我们认为进度不会超预期的概率为 0.12，即 $F(0)$=0.12；进度超预期比例不少于 30% 的概率为 0.4，即 $F(30\%)$=0.60。据此可以求得进度超预期比例 d_3 的分布函数 $F(d_3)$ 如图 5-32 所示，从而可以求得当 λ=0.5 时，平均进度超预期比例的 $E(d_3)$ 为 24.7%。

当 λ=0.3 时，我们认为进度不会超预期的概率为 0.08，即 $F(0)$=0.08；进度超预期比例不少于 30% 的概率为 0.45，即 $F(30\%)$=0.55。据此可以求得进度超预期比例 d_3 的分布函数 $F(d_3)$ 如图 5-33 所示，从而可以求得当 λ=0.3 时，平均进度超预期比例的 $E(d_3)$ 为 25.9%。

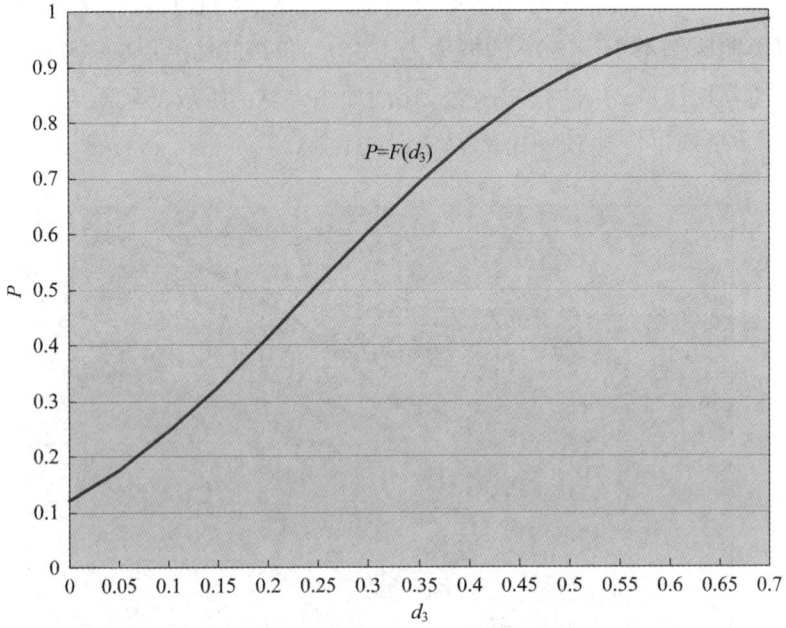

图 5-32

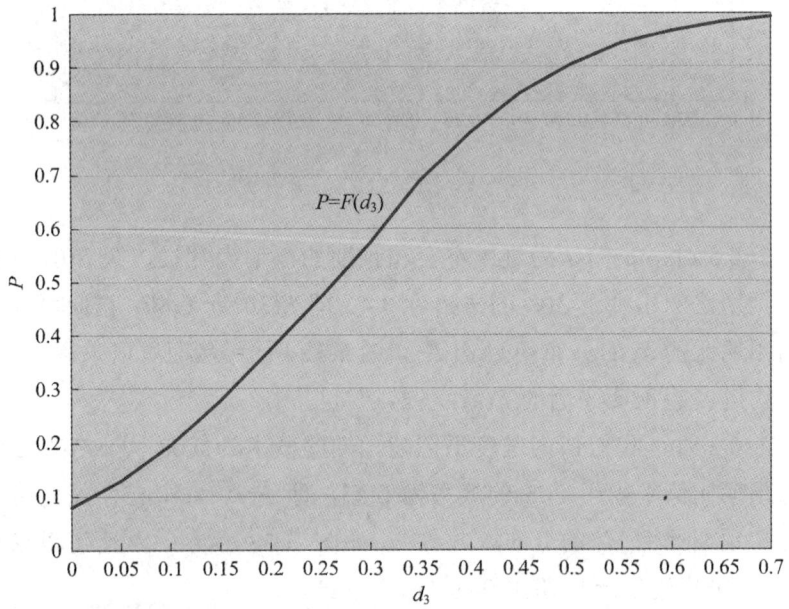

图 5-33

当 λ=0.1 时，我们认为进度不会超预期的概率为 0.05，即 $F(0)$=0.05；进度超预期比例不少于 30% 的概率为 0.48，即 $F(30\%)$=0.52。据此可以求得进度超预期比例 d_3 的分布函数 $F(d_3)$ 如图 5-34 所示，从而可以求得当 λ=0.1 时，平均进度超预期比例的 $E(d_3)$ 为 29.1%。

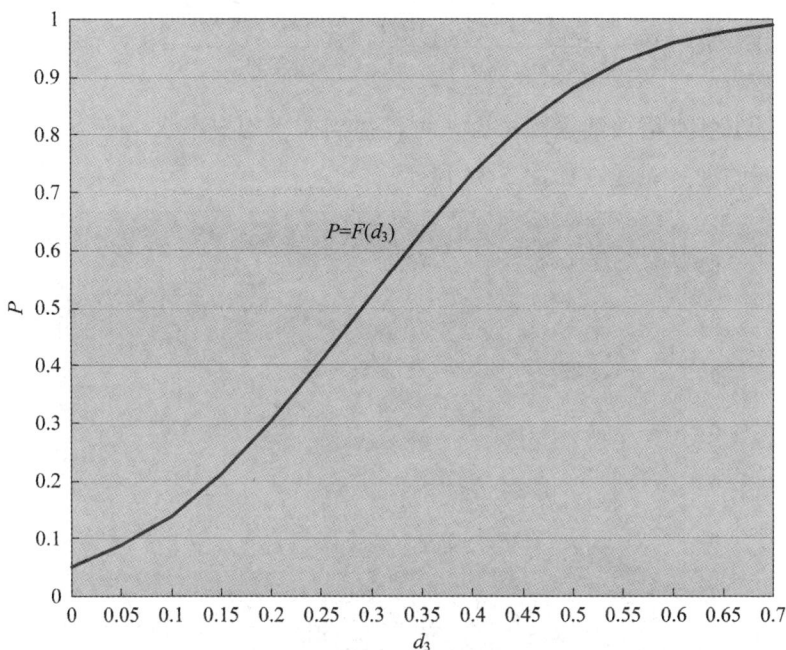

图 5-34

根据以上计算，就可以计算在平均水平下，当 λ 取不同值时的风险值 R。

当 λ=0.9 时，风险值为

$$R_{0.5,\,0.9} = \frac{E_{0.5,\,0.9}(d_3) - E_{0.5,\,\text{L}}(d_3)}{E_{0.5,\,\text{L}}(d_3)} = \frac{20.3\% - 18.5\%}{18.5\%} = 0.097$$

当 λ=0.7 时，风险值为

$$R_{0.5,\,0.7} = \frac{E_{0.5,\,0.7}(d_3) - E_{0.5,\,\text{L}}(d_3)}{E_{0.5,\,\text{L}}(d_3)} = \frac{21.9\% - 18.5\%}{18.5\%} = 0.184$$

当 λ=0.5 时，风险值为

$$R_{0.5,\,0.5} = \frac{E_{0.5,\,0.5}(d_3) - E_{0.5,\,\text{L}}(d_3)}{E_{0.5,\,\text{L}}(d_3)} = \frac{24.7\% - 18.5\%}{18.5\%} = 0.335$$

当 $\lambda=0.3$ 时，风险值为

$$R_{0.5,0.5} = \frac{E_{0.5,0.3}(d_3) - E_{0.5,L}(d_3)}{E_{0.5,L}(d_3)} = \frac{25.9\% - 18.5\%}{18.5\%} = 0.4$$

当 $\lambda=0.1$ 时，风险值为

$$R_{0.5,0.1} = \frac{E_{0.5,0.1}(d_3) - E_{0.5,L}(d_3)}{E_{0.5,L}(d_3)} = \frac{29.1\% - 18.5\%}{18.5\%} = 0.573$$

将以上各点用曲线进行拟合，可以得到在平均概率水平下，风险值 R 与 λ 之间的关系曲线，如图 5-35 所示。

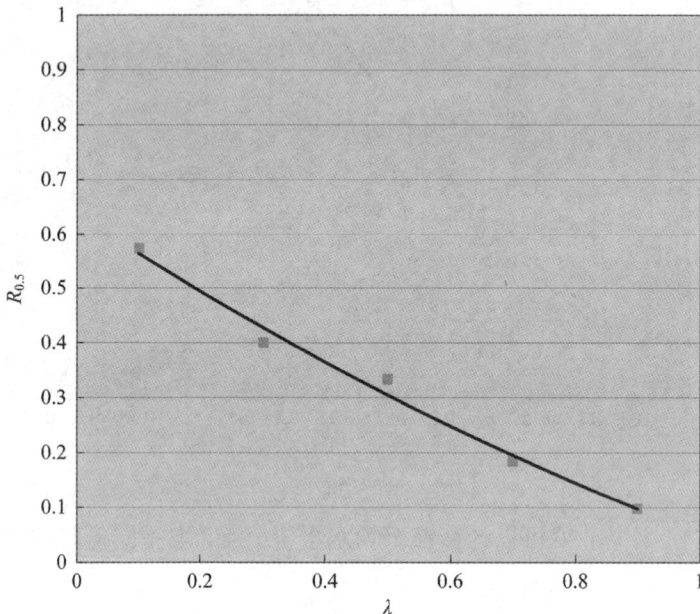

图 5-35

第三节　风险管理对策

1. 完善装备计划管理模式，提高各计划部门之间协调程度

一体化采购的本质就是全系统全寿命管理，因此一体化采购项目的计划需要涵盖装备从研制、采购、使用保障直至退役的全寿命周期。但是在

当前，所有装备项目的研制计划、订货计划、维修计划是由不同的部门分别制定的，各计划的时间跨度不同，相互之间缺乏有机的衔接。这种情况下，加强各计划部门之间的协调程度，是保证一体化采购项目计划能否顺利实施的关键，甚至可以说直接关系到该装备项目能不能开展一体化采购，因此，调整和完善计划管理体制是推行一体化采购的重要保证。

2. 提高需求论证的准确性和科学性

在进行一体化采购的过程中，军方对项目的需求如果提得不准确，不科学，则会导致在与总承包商的谈判过程中，会很被动的提高装备的经费投入，从而会导致计划调整的难度增大。同时，为了保证在合同签订的过程中，能在合同条款中充分体现军方的需求，需要作战使用部门、主管装备研制生产的部门和主管维修保障的部门之间的配合与协调，对装备的技术性能、可靠性、维修性、保障性、环境适应性、经费和进度等指标进行综合平衡，形成战术技术指标要求，并写入相应的研制和订货合同。因此，在这个环节，各部门之间的协调对装备需求的准确性和科学性有重要的影响。

3. 大力培育装备市场竞争主体，打破军工封闭、垄断格局

在一体化采购模式中，项目的竞争程度对能否降低经费超概算的比例有着重要的影响。同时，军方在选择总承包方时，主要依据的是各单位提出的方案，并且参考各单位的基本情况、研制和生产装备的历史纪录等有限的信息。因此，在这种情况下，更加需要项目开展充分的竞争，从而保证军方有更大的选择余地。也因此，开展一体化采购更加需要有竞争的军品市场环境。

4. 提高军方合同管理的专业化水平

一体化采购模式中签订的是一揽子或捆绑式合同，这些合同的形式可能更加灵活，内容更加复杂，而且合同的形式和内容对能否提高装备性能和降低装备采购价格有着重要的影响，因此对军方的要求更高，难度更大。合同中具体的条款直接体现了军方的各种要求，也是将来作为研制和生产中检查和验收的依据。因此，要求军方能够把经过充分论证的需求，尤其

是可靠性、维修性、保障性等方面的质量需求细化为可检查验证的具体指标。可以考虑成立专业化的合同管理机构或者邀请合同管理方面的专业机构进行协助，同时，要提高人员在合同管理方面的专业化素质，以便更加规范、更加灵活的运用合同。

5. 加强军方监督、审查、试验、验收手段建设

实行项目执行与试验考核相互独立的管理对提高项目完成目标的程度有很大的促进作用，而且军方的评价手段必须非常有效，否则难以对项目的节点进行有效的考核。因此，首先要调整现行装备试验管理的模式，主要是将试验评价机构独立于项目管理机构，以保证试验评价的相对独立性；其次，军方必须加强装备试验条件建设，提高鉴定和评价装备性能的水平。

第六章　外军装备采购竞争机制

竞争是优化资源配置、促进科技创新、提高装备建设效益最有效的手段，也是世界各国武器装备建设的基本政策。为提高竞争的质量和效益，外军在建立完善竞争机制方面进行了充分的探索和实践。

第一节　信息发布制度

外军在装备采办活动中采用信息发布制度，以便向全社会公布采办信息，扩大合同的竞争范围。

1. 信息发布的目的

美国国防部要求在合同签订前发布合同活动，其目的主要有三个方面：增强竞争性；扩大工业界的参与以满足政府的需求；帮助小企业、退伍军人拥有的小企业、残废退伍军人拥有的小企业、历来未充分利用的商业区小企业、贫困企业、妇女拥有的小企业获得合同和转包合同。

2. 信息发布的方法与内容

合同价格不同，信息发布的方法也有所不同。以美军为例，对预计超过 2.5 万美元的预期合同，合同签订官将在政府商务信息网上公布概要；对预计超过 1 万美元、但不超过 2.5 万美元的预期合同，合同签订官将在公共场所或网络上公布符合特定要求的、非保密的招标书通告或招标书副本。

美军采办合同信息的发布，主要由合同签订官通过以下几种方式发布：定期编写并发布免费广告材料；协助地方商业协会向其会员通报信息；在无须政府承担费用的情况下，向报纸、商业刊物、杂志或其他大众传媒发布预期合同的简要情况等；在报纸或其他新闻媒体上刊登付费广告。

美军发布的合同信息一般包含下列内容：合同代码、日期、年份、政府出版局的账号、合同签订办公室的邮政编码、分类码、合同签订办公室地址、主题、预期的招标书编号、答复的开始及结束日期、联系人或合同签订官、合同签订及招标书编号、签订合同的美元额度、合同项目编号、合同签订日期、承包商、情况说明、合同履行地、保留项目情况等近二十项内容，要求具体、清楚明了。

3. 信息发布的答复安排

通常情况下，合同签订官要确定招标书的答复期限，以便潜在的投标商能根据招标书的内容来确定应标时间。在确定答复期限时，合同签订官应考虑采办项目的复杂性、商业性和紧迫性等一些具体情况。以美军为例，除商品项目外，对超过简化采办限额(一般为 10 万美元)的一般合同，军方要在发放招标书至接到投标或建议之间留出至少 30 天的答复时间；对超过简化采办限额的研究和发展类合同，军方应在通告之日起至接到投标或建议之间，至少留出 45 天的答复时间。

第二节　市场准入制度

外军为了开展装备的竞争性采购，主要采用以资格审查为主的市场准入制度，积极鼓励民营企业和中小企业参与装备采购工作。

1. 实行军品科研生产资格审查制度，最大限度地扩大竞争范围

为确保军品质量和军品研制生产的顺利进行，美国等西方国家对承担军品科研生产任务的承包商要进行严格的资格审查，资格审查是军方在招标工作正式开始前对承包商的技术能力、财力、管理水平、资信度等进行综合全面考察，以确定承包商是否具备承担军品合同项目资格的工作。美国由国防部实行"具备资格的承包商名单"和"不具备资格的承包商名单"登录制，通过"一事一审"的方式选择承包厂商。美国等西方国家军品科研生产实行资格审查的做法如下：

1）明确军品承包商资格审查的责任主体

美国等西方国家认为，军方作为武器装备的唯一用户，是军品科研生产审查的责任主体，对确定装备需求、装备计划和计划实施，包括承包商的选定都负有直接责任，在武器装备发展的全过程中应发挥主导作用。军方对军品承包商进行资格审查，是确保军品研制生产符合性能指标和如期完成计划的必要手段，是维护军方自身利益和确保军品发展按市场规律运行的客观需要。美军认为，军品采办的根本目标就是以最优、最廉、最快的方式为部队采购武器装备。为此，美军提出军方在军品采办过程中要充当"精明买主"。如何选择符合军方利益的承包商以及对承包商资格进行审查，是整个军品采办过程的关键环节。英国也提出"精明采办战略"，军方通过组织机构和运行机制的改革，包括扩大竞争，承包商资格的审查来实现。美国军品承包商资格审查工作在国防部负责采办、技术和后勤办公室的统一领导下，由国防后勤局、三军的采办主管部门、武器装备项目办公室、合同管理办公室等有关部门统一组织实施。英国军品承包商资格审查也由国防部国防采购局的国防质量保证小组负责。

2）制定明确的承包商资格审查计划

为了确保承包商选择工作顺利进行，西方国家军方一般都制定了明确的承包商资格审查计划。美国国防部由武器装备项目办公室负责拟订承包商选择计划，在发布建议征求书之前或在同竞争厂商举行预备性会议或接触之前，由承包商选择总监批准。该计划是对采办计划的补充说明，它简要介绍了项目的总体采办策略，说明竞争将要达到的程度，确定建议的评审方法和承包商选择过程中的重大日程安排。根据《联邦采办条例》的规定，承包商选择计划应包括以下6项内容：说明选择过程的监管机构；提出征求书发布前的活动要求；简述项目的采办策略；确定评审因素及其重要性；说明所采用的评审程序、方法与技术；安排重大活动的日程表。

在采办计划开始前，如果制定出一项妥善的承包商选择计划，认真执行，将促进承包商选择工作的顺利实施，并且在承包商选择工作结束后，如果落选的承包商认为选择工作有失公正而提出质问或抗议，军方合同官员便可依据选择计划及其实施情况进行解释或反驳。

3) 建立资格审查监管体系

美军对重大采办项目的承包商建立了严密的资格审查选择监管体系，共分为承包商选择总监、承包商选择咨询委员会和承包商选择评审委员会三层，负责从上到下的监管工作。承包商选择总监是军方监督与管理承包商选择过程的总负责人，一般由主管军种部部长或业务局首脑兼任，也可委派其他高级官员担任，负责指导承包商选择工作、审批选择计划、选定承包商和宣布签订合同；承包商选择咨询委员会是由承包商选择总监指派的一组高级军官/文职官员组成的顾问机构，负责为选择总监提供咨询服务，包括制定承包商选择评审委员会成员，确定并应用评审标准及其加权因素，审定评审委员会的评审结论，分析各厂商所提建议，在对评审委员会评审结果进行分析鉴定后，向选择总监提交一份正式评定报告；承包商选择评审委员会是负责审查各厂商建议并向承包商选择咨询委员会提交审查结论的专家组织，成员来自项目办公室内外，由咨询委员会选派，负责审查投标书并拟定调查结果，该委员会处于三级监管体系的最基层，其领导与项目主任的联系最频繁，同厂商的交往最直接。

根据承包商选择计划的日程安排表，美军承包商选择的基本程序为：确定承包商选择总监；指派承包商选择咨询委员会成员；任命承包商选择评审委员会主席；明确评审委员会的组织结构及职责；确立承包商选择标准；规定选择标准的加权因素；成立费用评审组；确定承包商选择日程表；批准承包商选择计划。

日本防卫厅设立了承包商资格审查认定机构，防卫厅合同本部设置了"认定审查会"，由合同本部副部长任主席，合同本部、三自卫队参谋部、技术研究本部相关课长任委员，就军工企业资格审查和认定业务向合同本部部长行使职责，负责将审查结果向合同本部部长报告。防卫厅合同本部部长每年度都公告资格审查内容，接受企业申请，实施认定检查，对检查内容进行认定。同时，对即使已经认定的事项，也要根据以后条件的变化采取确认检查、建议改善、取消认定等措施。

4) 确定资格审查标准

美国等西方国家确定了对承包商资格审查的标准。美国《政府合同法》

规定，所有政府部局委托厂商制造或提供材料、供应品或设备而签订金额超过 1 万美元的合同时，都应符合下列要求：合同必须与制造商或正式商人签订，由他们提供履行合同要求的供应品；合同内必须附有供查证的表明承包商是合法制造商或正式商人的身份证书，并根据法律要求列入最低工资、最高工时定额、职业安全和保障条件等规定。

从美国对承包商资格审查的情况看，资格审查的条件分两部分：一是基本条件和相应的专业条件(一般标准)，二是与各具体采办项目紧密相关的特殊条件(特殊标准)。《美国联邦采办条例》明确规定，未来承包商必须符合以下条件：具有可以履行合同的雄厚财力，或具有可靠的资金来源；能在保证全面承担现有商业责任和政府项目义务的条件下，严格遵守规定的交货期或履约时间表；以往履行合同的效绩令人满意；诚信可行，一贯遵守商业道德；具备或有条件具备必要的组织能力、管理经验、理财和经营方法和必要的技术实力，必要时还应具有适用于承包产品或服务项目的一套生产控制程序、资产管理制度和质量保证措施；具有或有条件具有必要的生产、加工技术设备和设施；符合有关法律及条例规定的其他签订合同的条件。军方有关部门根据这些条件审查决定其是否合格，然后由军方向合格者颁发《技术建议征求书》。

德国军方确立了军品承包商的资格审查标准，军品总承包商必须具备以下条件：一是具有相应的经济基础和经济能力，并愿意承担研制工作中的风险；二是具备一定的技术能力，至少它本身能完成一部分研制与生产任务；三是具有较好的组织管理能力，能对分包商进行可靠而有效的管理；四是熟悉现代化的信息系统和其他管理工具。德国国防部为了给采办管理部门的决策提供帮助，对估价厂商的技术、经济、管理能力提出了一些准则。同时，为了在选择总承包商时能进行比较一致的估价，国防部又发展了一种程序模式，按照这种模式对各具体标准进行调查并打分，以便得出估价数字。这种估价数字将使采办管理部门能更加客观地作出决定。确定总承包商后，就由国防技术与采办总署与总承包商签订合同。为使厂商能了解各种合同的内容，加速签订合同过程，国防部与国防技术与采办总署共同制定了各种类型合同的标准条件和模式，并取得了工业界有关组织的认可。

日本军方的资格审查按制造、物品购入等的不同确定为不同的等级，具备资格的厂商可按照其相应等级参加合同投标。

英国国防部对于大型武器装备合同的竞标者要进行预先资格审查，严格审核竞标者的业绩、技术水平、财力等情况，通过考核的少数企业将被邀请参与竞标。

5) 对合格企业登记造册和逐项审查

西方国家军品资格审查一般采取审查或一事一审方式。美国仅就具体项目进行资格审查，国防部各部局都有从事合同商资格调查的部门，调查结果不向外公布，由军方自己内部掌握。国防部列有合同商"具备资格的名单"和"不具备资格的名单"，及时掌握原承包商实力变化信息和新承包商的动态，对名单进行调整和补充，每一季度更新一次。具体办法是：首先由合同主管部门拟定"征求书名单"，列入候选的、合格的承包商，并向这些承包商发出招标书。"名单"是动态的，国防部工业战备计划内所列的厂商按其规定供应的项目列入相应名单，其他厂商也可以通过填写申请表申请列入名单，或由专家和合同官员推荐列入候选单位名单，军方有关部门按明确的条件(主要是基本条件和专业条件)审查决定其是否合格，并由军方向所有合格者分发《技术建议征求书》。这个过程可称之为按项目的"划圈"审查。

日本军方要对军工企业进行武器装备的认定业务。认定的主要内容有：防卫厅长官事先指定的装备(指定品种)及其制造设备、检查设备、材料、零部件、半成品、工程、制造方法、检查方法、质量管理方法等，以及对使用该制造设备制造的装备等进行认定检查，并就上述内容对军品承制企业进行资格审查和认定。武器装备采购主要由合同本部通过公开招标，在众多的厂商中择优选择承包商，厂商参加合同竞标必须具备相应资格。合同本部依据内阁及总理府所管合同事务处理细则，2 年一次定期实施企业资格审查(时间为每年度 2 月初至 2 月末)。并且，随时接受希望参加竞标合同的申请，进行审查，在有资格企业名簿上登录。据统计，在有资格企业名簿上登录的企业数目为制造企业 1800 多家，销售、劳务企业 1500 多家。

德国实行军品总承包商制度，选择总承包商主要有三种方式：一是公开招标；二是有限招标；三是通过摸底了解后直接选定。无论采取哪种方式，都要由国防部通过严格的资格审查才能承担军品任务。

2. 鼓励民用企业参与竞争，培植寓军于民的国防工业基础

美国国防部负责采办、技术与后勤的前副部长雅克·甘斯勒认为："21世纪，国防部绝不能被迫依赖一个狭小、孤立、依靠补贴和非常陈旧的工业基础——一批为求生存而被迫在国际市场上把它们的产品销售给任何买主的企业。相反，由于未来的民用部门在产品性能、质量、价格和市场反应方面将达到新的水平，国防部必须尽可能地依靠这个更大的工业基础。"但近年来，随着国防工业兼并重组，国防工业的垄断日趋严重，为了维护寓军于民的国防工业基础，国防部提出了"培植健康的国防工业基础"的政策，并采取了相应措施。

1) 实行军标改革，为建立军民一体化的国防工业奠定基础

自冷战结束以来，随着国际、经济和军事形势的变化，国防预算下降，装备订货减少，外军都对冷战时期建立起来的庞大国防科技工业进行了调整，其中一项重要措施是推行军民一体化策略，通过军用标准与规范等改革，把国防科技工业基础与更大的民用科技工业基础结合起来，组成一个统一的国防科技工业基础，以充分利用迅速发展的民用技术，来扩大竞争范围。

军用标准与规范(简称军标)是军品研制生产的重要技术基础，但武器系统长期以来因强调其自身的特性而制定各种军用标准和规范，这些军用标准和规范所提出的要求往往只有专门定点供应才能满足，造成实际上的研制生产厂商单一，无助于广开货源和改进产品质量，窒息竞争，使后备市场狭小，保障能力受到限制。更重要的是这种军用标准和规范限制了承包商的设计创造性，阻碍了新技术的应用，造成了资源的浪费。据美国国防部调查，由于要求承包商在军品科研生产中采用军标和必须遵守许多特殊规定，致使军品成本比性能相同或相近的民品平均增加 30%～35%。美

国武器系统长期以来强调其自身的特性而制定各种军用标准和规范，经过数十年的积累，美军已形成了 3 万多项军用规范、军用标准和国防部标准文件，在这些标准与规范中，有相当数量的项目从性质上应属于民用标准或军民通用标准。若废止或取消其中不必要的 2676 项军用标准和规范，每年就可减少约 800 万美元的开支。冷战结束后，随着国防费用的锐减，外军为了节约经费，积极推行军标改革，对军用标准、规范进行清理，以打破军用标准独立封闭的局面，实现军民标准一体化，使武器系统的设计与制造融入民用市场这个广阔天地。

美国国防部曾发布了一份纲领性备忘录《规范和标准——工作的新思路》。备忘录的中心内容是建议尽量使用民用规范和民用标准，以保证国防部充分利用民用技术和已扩大了的工业基础；只有在确实没有切实可行的民用规范和民用标准能够代替军用规范和军用标准的情况下，才允许使用军用规范和军用标准。

在美国国防部对军用标准进行改革时，还充分注意到民用标准这一丰富的标准资源。其改革方针之一，是大力加强对民用标准的采纳使用，最大限度地发挥民用标准在国防采办中的作用。在使用标准的顺序中，将民用标准置于军用规范和军用标准之前。根据美国国防部列出的民用标准清单，美国政府同意美国国防部采纳其所列标准，并愿意免费向美国国防部提供一定份数的标准及其动态资料。从最新版本的美国国防部规范与标准目录看，这项改革方针在积极贯彻采纳民用标准的力度方面显著加强。首先是列入美国国防部规范与标准目录的民用标准团体(包括国际标准团体)的数量明显增多，目前已达 100 多家。其次是采纳的数量增加很快，尤其在材料和试验方法方面大量采用机动车工程学会、美国试验和材料学会的标准，目前共达 4000 多项。

经国防标准改革委员会审查，美国国防部于上世纪末决定予以废止的军用规范已达 4747 项(含单篇规范)、军用标准 57 项。与此同时，国防部新采纳民用标准 1784 项，发布商品说明书 522 项。目前军用标准改革成果在多项军品研制项目中得到广泛应用，均收到简化研制工作、提高效率和节省费用的效果。其中比较典型的一个例子是美国国防部授权波音公司的麦道飞机和导弹系统部采用新的质量保证系统，即用国际通用的 ISO9000《质量管理和质量保证》系统标准，代替传统的 MIL-Q-9858 和 MIL-STD-1520 军用标准，同时采取多种新的管理办法，预计每年可节省采购费用 3500 万美元。

此外，英、法、德等其他国家也大力推行军用标准改革。如英国的军用标准经过几十年的改革，已形成以国际标准为基础的质量保证标准体系，国防部要求在采办中优先采用国际标准化组织(ISO)系列标准和北约多边质量保证系列文件(AQAP)，只有上述两者缺乏的情况下才采用国防部颁布的国防标准。

2) 推行军民品制造单一过程计划，促进军民一体化

为了进一步扫除军民界限，促进军事工业和民用工业的一体化，外军在推行军标改革的同时，积极推行军民品制造过程单一化。所谓单一过程计划，是指美国国防部近年来实施的一项采办改革计划，它要求对一个工厂范围内现有的各种合同进行整体修改，以便用工厂内通用的制造与管理系统来取代各军种或各项目要求的多种制造和管理系统，其目的是在一个工厂范围内，统一这些合同的制造和管理要求。以往同样的产品仅仅因其用户不同(分别属军用和民用)，国防合同商就不得不采用不同的标准、不同的工作程序进行生产和检验，这样不仅程序烦琐，而且生产成本很高。推行单一过程计划，既可简化工作程序，又可节约资金，改进工业竞争环境，因此受到了工业界的普遍欢迎。

美国国防部1995年12月发布《单一过程倡议》备忘录，开始推行军民品制造过程的单一化。为了保证此项改革的顺利实施，国防部组成由采办、技术与后勤帮办负责的"单一过程倡议委员会"，该委员会的组成人员包括各军种采办执行官、企业管理理事会和产业协会的代表。在采办过程中，国防部尽量采用民用质量标准，对承包商采用单一质量过程要求，避免在同一工厂和机构中，为实现同一目的而采用多种质量、工作或技术方法标准。此外，几家防务承包商还发起成立了单一程序管理委员会，以加快改革和推广单一程序的最佳模式，进一步促进国防工业的一体化。同时，国防部还要求，项目主任应支持承包商提出的单一过程实施建议以及

单一质量管理体系的实施工作。国防合同管理司令部开始推行"单一过程倡议"以来，目前已有 30 多个承包商向国防合同管理司令部提出了 156 项程序简化建议，其中 2/3 得以落实。使用单一工作程序制以来，国防部共节约了 5 亿多美元。

通过倡导军民品制造的单一过程计划有利于较多的民品研制生产承包商胜任生产任务，这将会扩大军品供应基础，提高军品市场竞争。法国、英国、德国和日本等国，也正在实施类似的改革。

3) 采取多种措施，巩固国防工业基础

美国国防部认为，加强对国防工业的适当保护，对保持一个充满活力的、健康的国防工业基础很有必要。为此，国防部制定了多项国防工业发展的新政策：加大对国防工业的投资，吸引大量高素质的人才从事国防工业的科研；采取各种措施鼓励非传统的供应商进入国防工业；通过更多地采用商业采购惯例，提高盈利能力，来减少供应商进入防务市场的障碍；保护企业的知识产权，以不断增强创新能力。国防部希望通过这些政策的实施，以形成更富竞争力和创新性的国防工业基础。美国国防部颁布的 5000 系列采办文件提出了"成本真实性"与"成本分担"等采办原则，充分体现了"培植健康的国防工业基础"的思想。文件规定：鼓励承包商提交切实可行的成本建议；采办部门在安排采办计划时，不能把过多的风险强加于承包商，不强求承包商对正常营运资金和厂房、设施以外的项目进行投资。文件还规定，在能合理地预测具有潜在商业应用价值的特殊情况下，既不应鼓励、也不应要求承包商将其赢利资金或独立研究与发展基金用来补贴国防研究与发展合同；承包商有权在国防部的合同(包括签订的竞争性合同)中获得合理的报酬。

这些规定，对于充分调动国防工业界的积极性，鼓励更广泛的承包商参与装备合同竞争，吸引新的制药、通信和网络等领域中以往很少承担军品项目的承包商进入国防工业基础，具有十分重要的意义。

3. 促进小企业的发展和参与国防合同的竞争

小型企业是满足国防需求工业能力的一支重要力量，也是从事武器装

备研制生产的分承包商和供应商的重要组成部分。小型企业给国防市场带来的至关重要的改革，对促进国防工业的创新，维持国防工业的竞争态势，起到重要的作用。此外，小型企业还提供了大量的就业机会，确保更多的公民从国防采办的经费中得到实惠。为了保持竞争态势，促进小企业的创新和发展，各国除制定和颁布小企业法规外，还采取了以下措施：

1) 建立专门的小企业主管部门，扶持小企业的发展

小企业的行政主管部门是各国政府管理和扶持小企业的专门机构，各国小企业的行政主管部门的一些共同职责是有以下几点：

(1) 根据有关法律制定和实施小企业的扶持政策和计划。如税收优惠政策、就业鼓励政策、风险基金政策、贷款担保计划、技术援助计划、职工培训计划、政府采购计划等等。

(2) 维护小企业的利益。如创造良好的经营环境，防止大企业对小企业的垄断竞争，向更高级别的政府组织反映小企业的愿望与要求。

(3) 从政府的角度，向小企业提供其所需的各种政策、法规、宏观经济形势、技术专利，国内外市场等方面的信息。

(4) 协助社会化服务机构搞好为小企业提供的各种技术、管理、信息等方面的服务。

2) 制定小企业的政策，为小企业的发展创新环境

小企业和转包商一般具有较强的技术创新活力，是军品订货的重要力量。各国应发挥它们的积极性，为其参与军品竞争创造各种条件。

在美国，除了各主承包商要实行竞争外，国防部法规还明确规定，主承包商在具体实施科研、生产过程中的层层转包也要广泛采用竞争，而且军方要把这些厂商过去实行转包竞争的成绩和实现充分竞争的潜力，作为评估和选择主承包商的一个依据。《美国小企业法》的出台，奠定了美国小企业政策的基础，确定了一系列扶持小企业的方面和领域，如提供贷款担保、技术管理援助和帮助获得政府采购合同等等。同时，还为负责实施小企业政策的联邦政府小企业局的设立提供了法律依据。美国国会制定的《95-507号公法》规定，军品承包商必须与小企业做生意，主承包商对50

万美元以上的合同均需制定并实施小企业转包计划，国防部并据此规定，每项国防主承包合同的转包额至少为合同总额的 5％。美国《小企业投资法》规定，联邦各部门，在本部门外进行研究与发展的预算超过 1 亿美元的，必须留 1.25％给小企业。为了吸引更多的小企业参与军事装备的研制和生产的竞争，美国国防部在国防采办改革中，简化采办程序，规定 50 万美元以下的合同，不需要实行统一的成本认证程序和审计方式，提高了小企业参与竞争的热情。《小企业革新与研究法》规定，要保留大量小型发展研究项目，以帮助小企业获得立足之地，使之在国防科研的后期阶段能与较大的企业进行竞争。

法国国防部为保护小企业的利益，采取了建立与小企业的联系机制的措施。法国武器装备总署组织了旨在将小企业与用户联系起来的特别联合会，及时向它们通报法国军品发展计划，定期公布军品发展项目清单，提供参与机会。最近，武器装备总署公布了一项军品发展项目清单，列出了法国军方的研究计划，专门为小企业提供服务机会，并计划今后每半年更新一次军品发展项目清单。为了确保小企业获得军品科研项目，武器装备总署将专门为其保留全部计划中约 10%的项目，每个项目将给小企业带来 50～500 万法郎的军品合同。

德国国防部规定，军品总承包商必须向军方采购部门提交详细的转包计划，并且，为了扶植小企业，军方要求总承包商必须将承包计划的 20%～30％转包给总承包商系统外的企业。

3) 制定小企业发展计划，促进小企业的发展

美国国防部的小企业发展计划主要包括以下几个方面。

(1) 小型企业创新研究计划。该计划通过邀请在科学与工程领域具有研究与开发能力的美国小企业，按计划所规定的课题和要求提出研究建议，从中择优签订研究合同，为当选项目提供资助。其目的是激励私营企业的技术革新，增强小企业在满足国防科研需求方面的作用，促进和鼓励少数民族和经济境况不佳者参与技术革新，提高国防科研成果的商业应用程度。

(2) 指导人与被保护人计划。指导人是指大型的国防军工企业，被保护人是指小型非营利企业或是雇用严重残疾人员的组织。通过执行该计划，

指导人企业得到的直接利益是他们拥有了一个技术质量更高和价格更具竞争力的供应商基地，被保护人企业可以从大型军工企业获得新技术和新的管理方法，两者形成战略联盟关系。同样，通过满足国防主要合同和子合同所需的高效率和高技术，增加小型企业资源的数量，国防部也从中获益。目前，200 多家大型指导企业已为 300 多个被保护企业提供了业务和技术援助，使其能更加有效地参与错综复杂的国防市场竞争。

(3) 女业主小型企业计划。该计划通过促进、保持和加强女业主小型企业公司全面参与国防部采办过程，努力实现政府将 5% 的主合同和子合同分配给女业主小型企业，并通过外联和技术援助支持女业主企业的成长。国防部设立"国防部女业主小型企业工作组"推动该计划的落实，并通过建立了一个全国联网的"女业主小型企业网站"，内容主要是介绍女业主小企业参与国防市场竞争的成功经验和具体方法。此外，该工作组还制定了一项集中针对最可能为女业主小型企业提供主合同和子合同的工业领域的外联计划。

第三节　分类分层次竞争制度

外军都将竞争作为国防采办的基本政策，积极倡导充分、公开的竞争，要求所有的采办项目尽可能地采用公开招标的方式竞争，不能公开招标也要尽量采用谈判竞争的方式。不仅要求主承包层次开展竞争，对分包层次也要开展竞争，尤其是对于独家垄断的情况更要通过分层次的竞争来提高效益。还要求采办的全寿命各个阶段都采用竞争的方式，将竞争从采购扩展到科研、维修保障全寿命领域。

1. 将充分、公开竞争作为国防采办的基本政策

美国国会早在 1984 年《签订合同竞争法》中明确规定，政府、军方采购合同必须完全根据"自由和公开的竞争"的原则来签订，国防部各部门都要按照法律规定的竞争要求来获得系统、分系统、设备、补给和服务。美国 2002 年 6 月版的《联邦采办条例》对竞争做出新的规定，要求"合同官应公开合同业务，以增强竞争和扩大工业界参与"，该条例进一步强调

应该在武器装备采办的全系统全寿命管理中引入竞争：在武器系统、分系统、部件、备用零件和劳务各个层次要最大限度地引入竞争；在采办全寿命的各阶段都要开展竞争，如在方案探索阶段，鼓励企业和科研单位，包括私营企业、军内科研单位、联邦政府研究所、联邦资助的研究与开发中心、教育单位和其他非营利组织等参与竞争。

英国也将竞争作为国防采办的基础政策。英国国防部在《国防工业政策》白皮书中宣称：竞争是有效利用国防预算资金的最佳采购策略。采用竞争策略能够以可承受得起的成本为武装部队提供世界一流的装备，并协助英国工业界赢得海外竞争。只有真正有效和参与全球化竞争的工业才能提供良好的装备及服务。英国国防部强调，竞争并不只是简单地接受最低价格，同时还取决于装备的性能、交付的时机、装备的可维护性及保障成本，以及其他相关因素。英国还将遵守欧盟采购法规，要求所有通用装备的采购在整个欧盟范围内公开招标。

俄罗斯《军事订货法》规定，"除动员能力外，国防订货计划的落实应在竞争的基础上进行"，"国防订货承包商的选择要在平等的基础上进行，无论何种所有制形式的科研生产单位，只要它具有国防部颁发的完成国防订货任务的许可证，都可以参与国防订货合同的竞争"。几年来，俄罗斯积极推行和完善国家军事订货制度，引入了竞争招标机制，提高了装备采购的综合效益。

法国国防部《武器装备总署改革方案》中，明确提出了鼓励工业竞争的采办策略，要求国防部在承包商一级开展竞争，当主承包商一级不能开展竞争时，要保证在分包商一级开展竞争。同时制定公平竞争规则，确保竞争对于分包商和小企业的公平。德国国防部规定：总承包商必须用竞争手段给分承包商分配订货任务，并且必须让小企业参与竞争。

2. 实行不同类别的武器装备分类竞争的政策

外军在武器装备采办中，对不同类别的项目采用不同的竞争方式。

1) 对于一般项目，采用公开招标的方式签订合同

公开招标法是一种通过竞争投标、当众开标并确定中标者来签订合同

的方法。主要适用于技术规范能清楚、准确、完全地确定，成本和技术上都没有什么风险，只剩下价格有待商定的采办项目，包括以下几个步骤。

(1) 准备招标书。由项目办公室编写科研或生产项目招标书(即投标征求书或建议征求书)，说明项目的性能、经费、进度等基本要求。招标书应力求清楚、准确，并附有必要的参考资料。为了扩大竞争范围，招标书必须避免列入可能会限制竞争的规范或要求。

(2) 公布招标书。项目办公室必须以分发、在公共场所设立广告牌或其他适当的方式向预期投标者公布招标的内容。从公布招标书开始到当众开标，必须留有足够的时间，以便预期的投标者做准备和提交投标书。

(3) 提交投标书。投标厂商按招标规定的时间提交投标书，详细说明完成招标要求的计划。投标厂商必须提交密封的投标书，以利于随后按招标书规定的时间和地点进行当众开标。

(4) 评估投标书。采办部门的承包商选择委员会负责投标的评估工作。在对投标书进行评估前，不得对其进行讨论。

(5) 开标和签订合同。在当众开标后，即可根据投标的价格以及与价格相关的因素来确定对政府最为有利的符合条件的投标者，并应当在合理的期间内尽快地与投标者签订合同。

对于一项复杂的采办项目，可以召开一次投标前会议，以便在发出正式招标后和开标前尽早地向预期投标者介绍和解释复杂的技术规范和要求。

在只有少数几家承包商符合公开招标条件时，项目办公室只邀请这几家承包商参与竞标，这种公开招标的方式又称为邀请招标。邀请招标的规则和程序与公开招标一致。

对于一些在指标和要求不能明确规定或技术复杂的项目，一般可采用两步招标法签订合同。其步骤主要如下：项目办公室拟定征求技术建议书，该建议书中只提出技术要求而不提价格问题，将其发给预先经过挑选的承包商，承包商根据建议书的要求提出建议，军方从中选出两家以上技术可行的承包商；解决价格问题，项目办公室重新招标，方法与正式招标法相同，但招标书只发给那些在第一步中被军方所选中的承包商，最后与选出的一、两家竞争获胜的承包商签订合同。

采用公开招标法，承包商要承担主要的成本风险，而军方在技术性能方面要冒较大的风险，因为武器装备性能的好坏关键取决于军方能否清楚、准确、完全地提出技术要求。采用两步招标法，由于使用的是定价合同，由承包商承担主要的成本风险，而技术风险则由军方和厂商分担。对军方来说，其主要风险是能否很好地拟定征求技术建议书，能否正确地评审各投标商的技术建议，选出够格的承包商；对承包商来说，主要的风险是能否按军方的要求提出可行的技术建议。

2) 对于通过非充分、公开竞争审查的项目，采用谈判招标的方式签订合同

谈判招标是指不经正式公开招标而签订合同的方法，凡不经招标程序所签订的合同均为谈判合同。谈判招标主要适用于那些通过非充分、公开竞争审查的项目。谈判招标较为灵活，除便于军方随时修改自己的要求外，还便于采纳厂商的建议。通过谈判招标签订的合同也必须进行尽可能的竞争。采办部门应从尽可能多的合格厂商中选择谈判对象。

谈判招标有三种方式，即征求建议的谈判招标、主动申请的谈判招标和小额资金的谈判招标。对于大型武器装备的采办合同订立，一般采用征求建议的谈判招标方式。这种招标方式通常分为四个阶段，即谈判准备阶段、征求建议(承包方准备建议)阶段、建议阶段、洽谈与签订合同阶段。这种招标方式又称为四步招标法，是近年来美国采用的一种新的签订合同的方法。

3. 在武器系统的主承包、分承包商、供应商多个层次开展竞争

美国国防部指令 5000.2《国防采办系统的运行》强调：在一个技术项目、服务合同或采办项目的整个过程中，在可能的情况下，要最大限度地维持经济有效性，在主承包商和分承包商两个层次开展竞争。美国 5000 系列采办文件对渐进式采办要求：如果后续批次是在前面批次的基础上进行采购，则在主承包层次无法开展完全公开的竞争时，由上一批次的承包商完成后续批次的工作。但要求采办人员说明在何时以何种方式引入竞争，包括通过主要转包商、或下层承包商、或通过其他手段向项目引入竞争压

力的计划。美国武器装备采办转包合同价值占总包合同价值的比例大约为60%，由分散在全国各地的数万家中小企业与各主承包商签订。

英国国防部认为，只有在主承包合同和分包合同中采用竞争机制，国防部才能获得最大的利益。不管是对主承包商还是对分包商来说，竞争仍然是最佳战略，竞争的范围不仅包括价格，还有性能、交付时间和保障费用。同时，这项新政策还意识到存在着限制竞争的问题。为了保持英国的远期利益，有时将不进行竞争，以保持英国国防工业内部必要的设计与制造能力和竞争态势。

法国大型武器装备主承包商一般只有一家，竞争通常在欧洲范围内进行。当主承包商一级不能开展竞争时，就要保证在分包商一级开展竞争。在竞争中，主承包商负责选择分包商及其供应商。若主承包商在欧洲只此一家，价格的谈判和控制以及生产能力的合同目标都必须十分透明，对于子系统和设备的竞争应最大限度地开放。企业要积极探索先进技术，提高竞争性，降低费用，保证获得与民用企业同等的生产效益。对于每一项重要的合同，都要求制定采办计划，而且要确保合同签订的透明度。

对于独家垄断的产品，外军更是要求在分包层次开展竞争。英国国防部规定，当主承包商或转包商对国内形成垄断时，牵头公司应对转包合同实行由英国国防部仲裁的竞争投标。法国国防部对独家垄断的主承包商，要求其必须与总署建立开放式合作关系，价格谈判和控制以及合同目标必须十分透明，并要求在分系统层次进行最大限度的公开竞争。

4. 在装备采办全寿命过程的各个阶段开展竞争

全系统全寿命管理是美国武器装备采办的基本思想和方式，国防部要求在武器装备项目管理的全寿命过程中都要引入竞争。美国国防部5000系列采办文件中强调，"为保障项目启动而编制的采办策略应该包含长期的竞争计划"，"采办策略的制定应在项目预期的寿命期内最大限度地利用竞争来实现性能和进度要求，改进产品质量和可靠性，并降低费用。"美、英、法等其他国家也都将竞争引入武器装备采办全寿命的各个阶段。

美国国防部要求对所有的采办项目都在全寿命各个阶段采用竞争招标的方式，这在近年来积极倡导渐进式采办中体现得尤为充分。国防部5000

系列采办文件中明确规定，项目办公室在制定渐进采办策略时必须基于分阶段要求制定相应的竞争计划。竞争计划必须按各批次的特征，以及后续批次之间的相互关系进行衔接。如果每一批次是向预先建立的模块化开放系统结构增加一项可分离的独立能力，那么有必要对每一批次进行完全公开的竞争，采办策略应该是针对各个批次分别开展分阶段的竞争，并制定相应的竞争计划。竞争计划应说明每一后续批次在主承包级别开展竞争是否可行及其原因。如果没有计划在主承包级别上进行竞争，必须按《联邦采办条例》的要求说明确定使用非完全、公开竞争的原因。

以往，外军主要在科研、采购阶段引入竞争。近年来，随着全系统全寿命管理的深入发展，外军在装备训练、装备保障领域以及相关的服务领域也逐渐引入竞争机制，吸引民用部门的力量参与，以提高效益。例如，美国防部颁布的《基地级维修(也称"后方维修")合同竞争政策指南》规定，在维持军方足够的核心维修能力的基础上，允许私营企业参与军方基地级维修的竞争。其目标是在满足基地核心维修能力要求的前提下使基地级维修的经济效益最佳。凡是无须由核心能力来完成的基地维修工作必须通过竞争来完成，这样可以减少费用并提高战备完好性。英国国防部近年来开展了"私营资金倡议"计划，采用竞争方式与私营部门签订合同，由签约的私营部门为国防部提供相关的服务。"私营资金倡议"合理地界定了各自的职责，国防部不仅节约了投资，还可以通过签订合同向私营部门转移风险。

第四节　一体化竞争机制

外军在装备采办中，不仅强调充分公开的分类、分层次、分阶段竞争，而且注重采办全过程的一体化竞争，强调科研、采购和保障各个阶段竞争有机衔接和统筹考虑，提高竞争的总体效益。

1. 一体化竞争性采购内涵

外军在装备采办中，没有所谓的一体化采购以及一体化竞争性采购的定义。与之相近的"一揽子采购"和"捆绑采办"，在外军装备采办中并不占主导地位。从广义上说，外军在装备采办中的许多政策和做法符合一体化竞争性采购的精髓。因为，外军在装备采办中强调的核心观念是"采办"和"竞争"，即在装备采办的研制、采购和使用维修的全寿命过程中开展竞争，尤其是强调在研制阶段就开展竞争，并为后续的采购和使用维修的竞争奠定基础。外军没有明确提出一体化竞争性采购的概念，并不是说明它们没有开展一体化竞争，相反，恰恰说明其竞争程度很高，采办的各个阶段一体化竞争很充分。根据上述两个判断，可以归纳总结出外军装备一体化竞争采购的概念与内涵。

外军装备一体化竞争性采购，是指外军在装备采办中，统筹考虑研制、采购和使用维修等全寿命过程的竞争与协调，实现采办综合效益最大化的过程。外军装备一体化竞争性采购的内涵主要包括以下几个方面。

(1) 一体化竞争性采购，首先强调的是一体化，强调装备的全寿命管理，不仅仅指狭义的装备采购，还包括装备的研制和使用维修。要从装备的全寿命过程统筹考虑装备的一体化建设，研制要兼顾采购和使用维修，采购要加强与研制和使用维修的前后衔接，使用维修要对研制和采购形成有效反馈。

(2) 一体化竞争性采购，核心是竞争，是通过竞争获得最佳费效比，尤其是强调通过科研的竞争为后续的采购和使用保障竞争奠定基础。

(3) 一体化竞争性采购，表现形式可以多种多样。可以分阶段通过竞争签订合同，也可以签订科研、采购和使用维修相结合的一体化"捆绑"竞争采办合同。不同的项目，采取的方式可能不同。对于货架式产品的采购可以采用"一揽子采购"等简化方法。对于技术复杂、风险较大的大型武器项目而言，只要具备竞争条件，更多是签订分阶段竞争合同。

2. 一体化竞争采购的主要政策

外军推行装备一体化竞争采购的做法主要体现在围绕积极推行竞争政策、实行分阶段的竞争采购、加强研制、采购与使用保障的衔接。

1) 制定专利政策，加强科研与采购竞争的衔接

美国法律和政府文件规定，在法律允许的范围内，对于联邦政府提供

全部或部分资金、由承包商研究产生的可获得专利的发明，无论大小承包商，各行政部门和各部局首脑都应当将发明的专利权给予承包商，以促进这些发明的商品化，同时，政府机构可以免费使用这些专利。该政策旨在运用专利制度，促进在联邦政府资助的研究或发展中所产生发明的使用；鼓励工业界最大限度地参与联邦政府资助的研究与开发工作；确保以有利于推动自由竞争和企业发展的方式利用这些发明；促进美国工业界和劳工界在美国做出的发明的商品化；保证政府对联邦资助所产生的发明拥有充分的权利，以满足政府的需要，并防止因不使用或不合理使用发明而损害公共利益；最大限度地减少本领域管理政策的成本。

2) 加强研制、采购与使用维修全寿命管理的衔接

(1) 开展研制阶段的可靠性和维修性的研究工作，要求在新装备研制生产中必须考虑可靠性、维修性、保障性和互用性问题。

(2) 加强使用和维修保障人员的早期参与，加强研制与使用维修的结合，加快技术向武器装备的转化，为后期装备使用训练和维修保障打下基础。

(3) 加强武器装备系统之间的配套发展，促进研制与使用保障的衔接。

3) 加强承包商维修保障，促进生产与使用保障的衔接

随着现代武器装备日益复杂，技术含量不断提高，装备维修保障的专业化要求越来越高。世界各国都越来越重视利用承包商承担装备保障任务，尤其是一些技术复杂的新装备。在新装备交付部队初期，通常由原始装备制造商长期提供或参与维修保障，以便更好地完成装备保障任务。

美军鼓励最大限度地利用承包商的保障资源，提出主承包商维护保障等方式，在与武器系统主承包商签订装备研制生产合同外，还与之签订长期合同，由主承包商对该武器系统提供"全包式"的维护保障，要求承包商在交付武器系统时，同时提供保障设备和配套材料，帮助人员培训，提供备用零部件和维修保养等，使军方用户能够最大限度地利用承包商的保障资源，获取武器系统的全寿命周期保障。日军也很重视承包商在装备维修保障中的作用，建立起了以军工企业为核心的装备军外维修保障体系，且不断扩大承包商的装备维修范围。

3. 一体化竞争采购的实践

美军十分重视一体化竞争采购，早在 20 世纪 60 年代初，当时的国防部部长麦克纳马拉就已开展具有一体化竞争采购的"一揽子采购"实践。

美军开展"一揽子采购"的最初项目主要包括空军 C-5A 军用运输机在内的许多项目。C-5A 项目按照麦克纳马拉提出的"一揽子采购"原则进行，要求制造商们就整个项目进行竞争，包括研究与发展、试验、鉴定和生产，并应提出明确的价格、交货日期和性能承诺。这种"一揽子采购"的风险主要在承包商一方，似乎是一个"把承包商的脚放在火上烤"、让他拼命干的奇妙办法，但由于种种原因造成这种"一揽子采购"实际上很难行通。空军在需求、装备和性能上提出的修改意见，最重要的是国会规定的采购数量的变化，使此项计划陷入极度的混乱之中。此外，还存在着一些常见的问题：承担该项目的承包商洛克希德公司的成本概算过于乐观，消费品价格指数上升，以及对执行"一揽子采购"合同采取了不灵活的态度。这些问题导致了成本大幅度超出限额和飞机的最长寿命只有当初预测的 25%左右。当洛克希德公司看到飞机的重量势必超出规格的要求时，它建议修改设计，不去减轻重量，而是通过提高性能去满足规格的要求。也许是慑于麦克纳马拉部长固执己见的态度，空军不愿违抗国防部对"一揽子采购"政策的解释，因而拒绝了洛克希德公司的建议。结果只得进行大规模工程改造，用在机翼构件上钻"减重孔"这样原始的办法来减轻重量。这样一来，C-5A 的估计使用寿命就只有 8000 小时，而不是预期的 30 000 小时了。机翼结构的变化，包括采用了一种新的铆接方法，导致了过早出现疲劳断裂。就像波音 747 在问世之初被民航评论家们批评为太大、太贵和不合市场要求一样，C-5A 也成了国防采购活动批评家们的鞭笞对象，他们把它当成政府采购行为愚蠢和浪费的象征。

正是因为"一揽子采购"所面临太多的风险，对于一些技术复杂、周期长的大型项目并不太合适。因此，在美军长期的装备采办实践中，采用"一揽子采购"的采办计划屈指可数，更多是采用分阶段的竞争采购。根据美国国防部统计的每财年 50 万美元以上的合同数量，采用具有"一揽子采购"特点的捆绑采购的合同只占少数。

第五节　竞争保护机制

为了促进竞争的有效开展，外军在装备建设和国防工业管理改革中，采取多种措施，维持和保护军工企业的竞争态势。

1. 建立健全法规制度，实行依法保护竞争

市场经济是法治经济。在市场经济成熟的西方国家，都建立了一整套的法律、法规、规章来规范市场竞争行为，依法保护竞争的有序开展。

1) 建立竞争性采购的法规体系

美国是世界上最早实行政府采购制度的国家之一，早在 1761 年就颁布了《联邦采购法》，以立法的形式对政府采购进行规范的法治化管理。美国国会是联邦的立法和执法监督机构，目前由联邦政府制定、国会审议通过并颁布施行的涉及政府采购和竞争方面的法律有 300 多项。其中影响力较大的主要有以下几项。

(1)《武装部队采购法》。该法是美国三军管理武器装备工作的基本法律，规定了军事采购的基本原则。例如规定在和平时期，除了在特殊情况下可能通过谈判方法采购军品外，一般的采购方法应该是正式招标，公开竞争。该法是制定《联邦采办条例》和《联邦采办条例国防部补充条例》的重要依据。

(2)《签订合同竞争法》。1984 年经国会通过的《签订合同竞争法》对上述法律的一些条文进行了修订、补充，强调在签订军品采购合同时要进行充分、公开的竞争；规定要简化采购程序，尽可能采用民品；指出密封投标方式对于大部分国防采购项目是不适宜的，而那种兼顾质量和价格的"谈判竞争法"是可取的竞争方式。该法还为采购独家承包合同规定了专门条款。

(3)《反托拉斯法》。该法的根本目的在于保证市场的竞争性，制止各竞争公司间达成协议或谅解以妨碍市场机制发挥作用。鉴于排斥竞争或限制正常交易的不法行为常能导致大幅度地抬高合同价格，因而应对违反者

追究刑事、民事或行政责任。违反商业竞争原则的典型的不法行为包括：合谋提出投标，采取统一合同价格，轮流以低价谋求政府合同，合谋实行统一的定价方法，合谋共同分享交易额等。

(4)《政府合同法》。该法规定，所有政府部局委托厂商制造或提供材料、供应品或设备而签订金额超过 1 万美元的合同时，都必须与制造商或商人签约，合同内必须附有可供查证的表明承包商是合法制造商或正式商人的身份证书，并根据法律要求列入有关最低工资、最高工时定额、职业安全和保健条件等规定。

(5)《诚实谈判法》。该法规定，国防部、国家航空航天局和海岸警卫队要求主承包商或任何转包商应根据一定条件提出并核实合同的成本或价格数据。该法还要求，由于承包商或转包商提供的成本或价格数据不当而造成的费用增长应予以扣除。

(6)《购买美国货法》。该法规定，美国政府优先采购国产的成品，承包商只应提交国产的成品，属于以下情况作为例外处理：只供在美国境外使用的产品；政府认定不能在美国按合理的商用批量和合格的质量要求进行开采、生产或制造的产品；政府部局认定优先在国内采购不符合美国国家利益的产品；部局认定在国内采购时费用上很不合算的产品。

(7)《国防生产法》。该法规定了在战争和国家处于紧急状态期间实行特定的国防生产计划与能源计划，确立了优先履行军品合同、保障战略物资供应、扩大国防生产能力、充分发挥小企业作用等方面的基本政策。因而，《国防生产法》是一部有关工业动员和储备的主要法律，旨在保军、备战，增强应付突发事件的军工基础与生产能力。

2) 制定颁布反不正当竞争的专门法规

为了维护国防市场的自由竞争，保护消费者的利益，防止垄断和其他不正当行为的发展，各发达国家先后进行了反不正当竞争方面的立法。其中以美国的反托拉斯法最为典型，影响也最大。美国是世界上最早建立反不正当竞争的法律制度的国家，自 1890 年《谢尔曼反托拉斯法》通过以来已有 100 多年历史。第二次世界大战以来，许多发达国家受到美国的影响，纷纷进行反不正当竞争方面的立法。例如，1947 年日本颁布了《禁止垄断和确保正当交易法》，1948 年英国制定了《反限制性商业惯例法》，1957 年联邦德国颁布了《禁止限制竞争法》，1966 比利时制定了《防止滥用经济权利法》，1967 年和 1984 年西班牙先后颁布了《保护竞争法》和《消费者保护法》，等等。

美国反不正当竞争法规的主要目的在于维护市场竞争所必须共同遵守的商业行为准则，制止滥用经济优势地位以达到自己目的的不正当竞争手段，从而保证商业经济以及它们的顾客不致因某一公司或厂商不遵守正当的商业行为准则而遭受损害。美国反不正当竞争的法律由 1890 年以来通过、制定和实施的一系列法规及其修正法案组成，统称为反托拉斯法。构成反托拉斯法核心的基本法规有三个，即《1890 年谢尔曼反托拉斯法》《1914 年克莱顿法》和《1914 年联邦贸易委员会法》。除此以外，反托拉斯法还包括历年来对上述法规进行修改和补充的一些重要法规，主要有：《1918 年维伯——波密伦出口贸易法》《1933 年惠勒——利法》《1950 年赛东——克富维法》，以及联邦贸易委员会颁布的其他各种贸易法规。上述法规在性质上基本属于"禁止型"立法，即原则上将垄断和不正当竞争行为看成违法行为而加以禁止。

美国司法部的反托拉斯司和联邦贸易委员会是两个主要的联邦执法机构。这两个机构在执法内容上有所不同：司法部的反托拉斯司主要负责《谢尔曼法》和《克莱顿法》的执行；联邦贸易委员会主要负责其他几个贸易法规的执行，如《联邦贸易委员会法》《维伯——波密伦出口贸易法》等。在诉讼程序上，这两个联邦机构在几个主要方面有所区别：司法部反托拉斯司对于违反《反托拉斯法》的行为，可以运用民事或刑事程序，并必须通过法院起诉；联邦贸易委员会则是独立的执法机构，在性质上是准司法的，它还可以颁布具有法律效力的贸易法规，并解释和执行该法规所规定的目的。

3) 对各种不正当竞争进行约束和制裁

外军在反不正当竞争法(反托拉斯法)中，都列举了各种非法垄断性、限制性或不正当的商业行为，并对造成垄断或其结果对竞争者或消费者产生损害时，才能判定为违法，给予相应的处罚。不正当竞争的行为主要包括以下几个方面。

(1) 限制贸易的协议。任何以托拉斯或其他形式做出的协议、联合或共谋，只要用以限制州际或同外国之间的贸易或商业活动，都是违法行为。所谓协议，必定是两方以上的共同行为，包括口头和书面的。但反托拉斯法所禁止的协议，只是指限制美国贸易的协议，而非反对一切协议。

(2) 垄断或图谋垄断。任何人或同其他人联合对某一行业进行垄断或图谋垄断的行为，都被认为是刑事犯罪。所谓垄断是指利用已取得的经济力量控制市场并阻挠他人进入市场的各种行为。反托拉斯法禁止的是"联合"或"共谋"或企图垄断的行为，而不管这种垄断是否已经取得。

(3) 各种实质性地减少或限制竞争的行为。主要包括：一是固定价格。固定价格是指同行企业之间串通协议，将产品的价格固定在同一水平上，为了最大限度地取得利润而控制产品销售。二是价格歧视。卖主对不同的买主实行不同的价格，以在各个市场分别以不同价格销售其产品，并选择其中一个特定市场低价销售，以挤垮竞争对手。或是各销售商或买主通过补贴形式以不同价格销售所购商品，从而影响了竞争。三是独家经营的搭售。独家经营的卖主在交易中经常要求买主接受一种以上的产品，即出售一种商品的同时搭售另一种商品。搭售行为不但削弱了竞争，而且产生了垄断，故为反托拉斯法所禁止。四是兼并。通过企业的内部增长和通过购买其他企业股份而进行兼并都可以使企业成为大公司。然而通过兼并扩大企业的做法并不能代表该企业的经济增长。反托拉斯法禁止企业通过兼并取得垄断地位，只要在兼并中所占市场的实际份额超过一定的标准，或这种做法的结果可能实质性地削弱竞争而造成垄断，就构成违法行为。

(4) 商业贿赂。如果销售或商业的成交并不是谈判和竞争的结果，而是通过向交易中的某些关键人物提供个人的收入或好处来实现的，这种做法便构成商业贿赂。根据《联邦贸易委员会法》和《鲁宾逊-帕特曼法》，联邦执法机构可以将商业贿赂作为不正当竞争提出指控。

(5) 对消费者的各种不正当或欺骗性的行为。反托拉斯法通过联邦贸易委员会来阻止这种违法行为并保护消费者的利益。在美国，保护消费者的主要机构是联邦贸易委员会。《联邦贸易委员会法》不仅禁止不正当的竞争方法，而且也制止对消费者的不公正和欺骗性的做法。例如，利用虚假的广告宣传歪曲产品质量的事实，通过推销或广告引诱消费者上当，欺骗性的商品定价，以及其他采用不公正或欺骗手段使消费者上当的做法，均为违法行为。联邦贸易委员会一般通过颁布贸易规则和发布"停止违法行为令"出面干预，也可在法院通过民事诉讼制裁违法者。

2. 建立和保持备选来源，加强企业间的并购审查

外军在竞争中通常采用建立或保持备选来源的方式，即维持一定数量可供选择的国防承包商，以维护竞争态势。美国《联邦采办条例》规定，在下列情况下国防部各部局可以建立或保持一个备选来源：如果部局主管确定建立或保持备选来源可以增加或保持竞争，并有可能降低采办或拟定采办的全部成本；有利于国防，以便在国家紧急状态时或进行工业动员时有一处来源(指生产商、制造商或其他供应商)来提供产品或服务项目；有利于国防，以便建立或保持由教育机构或其他非营利机构或联邦政府出资的研发中心提供的基础工程、研究或开发能力；确保供应品和服务项目可靠来源的持续有效性；满足依据历史高需求的计划需求；满足对医疗、安全或紧急供应品的重要需求。

根据该规定，美国国防部在招标中，要求承包商将项目一部分分给未中标的承包商。例如在美国空军渐进一次性运载器(EELV)系列火箭合同的竞争中，洛克希德·马丁和麦道(后并入波音)两家进入最后阶段的竞争，虽然波音公司在发射合同方面大获全胜，但国防部为了维持航天领域的竞争态势，给予波音公司和洛克希德·马丁公司各 5 亿美元的研制"补贴"。波音与其竞争对手洛克希德·马丁公司长期以来都在许多领域进行竞争，国防部总是适时采取一定平衡措施，维持两者间的竞争态势，既保护承包商，也确保国防部在竞争中获得利益。

随着国防军工公司的兼并加剧，美国国防部加强了企业间的并购审查。国防部的一份报告指出"到 2010 年，很可能只有一家公司制造一次使用的发射装置、战略轰炸机和各种弹药"。为确保国防市场保持旺盛的竞争，美国司法部与联邦贸易委员会反托拉斯机构依据《哈特—罗边诺法案》对国防工业提出的兼并和收购进行审查，以确保交易不会对国防计划的竞争

力和创新力产生负面影响。例如，美国国防部出于保护竞争的考虑，对洛克希德·马丁公司和诺斯罗普·格鲁曼公司的合并计划持反对态度，其原因是该并购计划损害了军用机和电子战领域的竞争。美国国防部认为，军工的某些专业领域必须有 3 个以上竞争对手才不会影响竞争。英国军用电子、兵器和舰船领域都拥有 4～7 家能竞争总承包合同的企业集团，德国和法国的兵器、舰船领域也保持若干家总承包商。

美国国防部在国防部指南 5000.62 中指定并使用了正式、严格的并购审查程序。通过这一程序，国防部主要评估：并购交易(横向集中，纵向联合)是否会对竞争力产生不利影响；以及并购是否能使国防部提高效率，节省成本。这一做法表明，评估某一具体的兼并对国防部的影响只能在相关事实及特定环境的基础上进行逐项审查，每个兼并案都必须在其特定的市场环境及该市场不断变化的动态环境下审查其优缺点，没有放之四海而皆准的标准。

3. 建立反不正当竞争的申诉制度

竞争是市场经济的产物。保护竞争，反对不正当竞争，是发展经济的必然要求。为了防止垄断和其他不正当行为，维护竞争的公平公正，外军对不正当竞争的行为进行了界定，并规定承包商有权对竞争中存在的争议进行申诉，由政府审计部门和法院进行仲裁和判决。

美国《联邦采办条例》规定的不正当竞争行为主要包括：限制贸易的协议；垄断或图谋垄断；各种实质性地减少或限制竞争的行为；固定价格、价格歧视、独家经营的搭售和兼并；商业贿赂；对消费者的各种不正当或欺骗性的行为。

在美军装备采办中，承包商一旦对竞争结果有质疑，可通过下述两种途径进行申诉：① 向总审计署投诉。军方采办部门承担相关的举证义务，应及时向总审计署提交建议征求书、投标书、合同签订官员的名单与联系方式等相关材料。总审计署根据相关的法律，对承包商的申诉进行裁决。为了保障承包商的权益，总审计署一旦受理投诉，采办活动必须终止。② 向联邦索赔法院起诉。联邦索赔法院负责涉及联邦政府行政赔偿案件的裁定事务。承包商在向联邦索赔法院提出投诉请求并提交报告后，军方采办部门也同时承担相关的举证义务。案件审理由一名律师负责，并由其做出处理决定，不同于其他法院需要由陪审团做出判决。总审计署在处理政府采办合同纠纷方面费用低、权威性强，与联邦索赔法院比较，承包商通常选择总审计署。

第六节　对我军装备采购的启示

1. 要积极培育竞争环境

外军在装备采办中开展竞争，有着良好的法规政策环境和一体化的国防工业基础。当前，我军装备采购建立和完善竞争机制，关键是要营造促进竞争的政策环境。目前的军工投资体制、财会制度、军品价格、招投标制度、知识产权制度等都不同程度地阻碍了竞争机制的建立和完善。这些制度仅靠军队或某一政府部门，都无法解决，需要国家从总体上进行调整和改革。在军工投资体制方面，应加强体制优化与调整，从体制上确保军品条件保障费、科研费、采购费的集中统一管理，实现全成本合同，确保竞争的公平、公正。在军品价格政策方面，国家应该对现行的军品价格政策进行调整，改革单一的成本加固定利润的定价模式，建立与社会主义市场经济和武器装备发展相适应的军品价格体系。在国防知识产权制度方面，在确保国家对国防科技成果的优先权的前提下，将国防知识产权作为生产要素参与分配，激发军工企事业单位和个人加强技术创新的内在动力。

2. 要搞好装备全系统全寿命管理

武器装备实行全系统全寿命管理，是武器装备发展的客观规律和必然要求，也是一种高效的管理方式。要把全寿命管理制度落到实处，除宏观层次的装备管理体制实现集中统一全寿命管理外，在项目管理层次上也需要引入现代组织形式和管理方式,加强同一个项目管理班子对项目从立项、研制、采购到使用、保障的全过程管理。这些年，美、英、法等国正是按此思路不断推进项目管理方式的改革，或设立项目办公室，或成立一体化项目小组，使武器装备发展全过程中的各项工作能够得到较好的衔接。总装备部及之后的军委装备发展部已建立了在宏观层次的武器装备全寿命管理体制，但对于某项具体项目来说，尚未真正建立起来实行全寿命管理的项目管理模式，这影响了装备管理的综合效益。随着形势的发展和改革的深化，借鉴国外的做法及改革经验，深入推进我军项目管理方式改革已提到议事日程。建议做好以下几方面工作：一是对重大装备项目完善以项目办公室为核心的采办管理体系，简化管理层，提高管理效率；二是加大现行项目办公室全寿命管理力度，加大项目办公室"前伸后延"的管理权限，使其逐步担负起装备项目全寿命管理重任；三是考虑由跨部门人员组成一体化项目小组的管理方式，汇集各方面、各部门人员共商装备管理各项事务，如在采办前期让使用部门、研制生产单位介入，以更好地实行全寿命管理的目标。

3. 建立健全装备采购竞争的法规制度

市场经济是法治经济，外军在装备采办过程中十分注重法律法规对竞争机制的规范和保护作用，并建立了一整套的法规体系。当前，在我军装备采购竞争机制的建立和完善过程中，尤其要加强竞争方面的立法，实现依法竞争。全国人大及其常委会应适时制定类似美国《武装部队采购法》和俄罗斯《国家军事订货法》的装备采购母法——《装备采购法》。该法作为广义概念上的装备采购母法，起到规范军方和装备承研承制单位的共同法律。同时还应制定与武器装备采购相关的其他法律，如建立类似《签订合同竞争法》《反托拉斯法》《购买本国货法》《小企业法》等专门法律。其次还应该在《装备科研条例》《装备采购条例》和《装备维修条例》的基础上，根据装备采购母法的要求，制定相应的有关装备采购方面的具体规范。

4. 充分利用民营企业为装备建设服务

外军在装备采办中，主要采用资格审查制度，广泛吸纳民营企业参与军工生产，尤其是对一些技术创新很强的高技术民营企业以及中小企业都制定相应的优惠政策。当前在我军装备采购建立和完善竞争机制的过程中，要建立以装备采购承制单位资格审查制为主体的市场准入制度。要把现行的科研生产定点制度改变为以承制单位资格审查制度为基础的装备采购市场准入制度，减少市场准入限制。装备主管部门要在对企业的质量、技术、财务、信誉等进行综合评价的基础上，确定承制单位资格，严把市场准入关，编制并发布《装备承制单位名录》。军方面向全社会对申请从事武器装备科研、生产和维修的单位实行资格审查，建立合格厂商名录，并根据履约情况对名录进行动态调整。经军方审查合格，列入《装备承制单位名录》的单位可以参加武器装备总体及分系统、其他部件、配套件、元器件和原材料的竞争，总承包单位也应该在军队使用部门认可的情况下通过竞争方式从合格供应商名录中择优确定承制单位或供应商。

5. 大力加强装备协调机制建设

外军在装备采办中开展竞争机制，依托的是一体化的装备管理部门和一体化的国防工业基础。所谓一体化的装备管理部门，是指外国国防部既担负着装备建设的重任也肩负着国防工业管理的职能，同时也指外军加强装备采办的集中统一领导和协调配合，装备建设的各个部门形成一个有机的统一整体；所谓的一体化的国防工业，是指外国国防工业是建立在整个国民经济基础上的军民一体化的国防工业。当前，积极推行我军装备采购建立和完善竞争机制，需要多方面的努力。从内部来说，装备采购包括装备科研、订购和保障等全寿命管理，需要各个业务部门的协调配合；从外部来说，装备采购开展竞争机制，需要得到国防科技主管部门和国家相关部委的配合。这就需要我们加强装备协调机制的建设：一方面需要国家进行国防科技工业管理体制和军工领域的所有制改革，形成公有制为主体的多种所有制并存的格局，破除建立竞争机制的体制障碍，为国防科技工业管理的发展注入新的活力；另一方面加强装备采购部门内部的协调机制，在统筹装备科研、订购和保障的管理方面，采用项目管理等方式完善装备的全寿命管理，促进装备科研、订购和保障的衔接，真正提高装备采购的整体效益。

第七章　推进装备竞争性采购的对策建议

　　建立完善的适应社会主义市场经济的装备采购竞争机制，是新时代我军装备采购工作的一项重要任务，也是深化装备采购制度改革的核心内容。在军方主导下，通过资格审查、信息发布和竞争性采购目录等手段，加快建立装备市场准入制度；在装备科研、购置和维修中全面开展分类分层次、分阶段竞争和一体化竞争，逐步扩大竞争范围和规模；抓紧制定相关法规和配套措施，维护竞争秩序，培育竞争主体，积极营造具有中国特色的、公平公正与全面和谐的竞争性装备采购环境。

第一节　积极培育装备采购竞争环境

　　建立完善装备市场准入制度、信息发布制度和竞争保护制度，积极培育具有我国和我军特色的装备采购竞争环境，是大力推行竞争性装备采购的先决条件和基本保障。

1. 装备市场准入制度

　　加快建立完善装备市场准入制度，是大力推行竞争性装备采购的本质要求，而有效完善的装备市场准入制度，必须以承制单位资格审查为核心，突出军方的主导地位；采取灵活措施，设置科学合理的准入门槛；加强协调，保障民营企业享有平等的优惠政策。

　　(1) 要强化军方在装备市场准入中的主导作用。从外军市场准入的经验来看，外军通常实行国防部集中统一领导体制，国防部既是军队的最高管理部门，同时又是政府的行政部门，承包商资格审查工作完全由国防部采办部门负责。我军尽管实行非国防部领导体制，但是军队作为武器装备的最终需求方，在确定装备承制单位方面理应占据主导权。国防科工局作为军工行业主管部门，负有重要的管理职能，应积极配合军队做好装备市场准入工作，努力形成合力。军地有关部门要加强沟通协调，以资格审查为核心，形成统一的装备市场准入标准。

(2) 要科学合理地设置装备市场准入门槛。当前，一方面不分装备类别(军民通用、军事专用，以及总承包、一级配套、二级配套、三级四级配套等)，凡是承担装备研制、生产、维修任务的单位必须要经过资格审查或是许可的做法，增加了工作量，加大了市场管理成本，因为资格问题而将大量优势技术和产品拒之门外；另一方面，现行市场准入的资格条件要求较高，准入程序复杂，民营企业尤其是民营中小企业很难"达标"。为解决这些问题，除对总承包单位及涉密较高的武器装备承制单位按照现行的装备市场准入相关规定进行严格的资格审查外，对于无涉密或涉密不高的民口及民营中小企业应研究出台简化的操作程序，将准入的关注点由市场主体转为交易对象，最大限度地吸引它们参与竞争。

(3) 要保障民营企业进入装备市场享有平等待遇。为营造公平的竞争环境，应加强税收优惠政策和条件保障经费论证研究，保障民营企业与传统的军工企业公平竞争。对于税收优惠政策，为便于操作，建议国家财政部将"间接投入"转变为"直接投入"，对于军品不再实行减免税政策，而是按每年减免的税收总额直接给予装备采购部门"税收补贴"，军品税收由装备采购成本支出。对于条件保障经费，应加强与国防科工委的协调，为保障全成本合同的签订，努力实现条件保障经费与装备科研费的集中统一管理。

2. 采购信息发布制度

装备采购信息的特殊性决定了在构建信息发布制度时需要遵循以下基本原则。

(1) 分类性原则。这是由装备采购信息本身的丰富内涵所决定的。按内容看，既包括政策、法规类信息，又包括项目类信息。对于项目类信息，从装备的特性看，既包括军民通用装备采购信息，又包括专用装备采购信息。从装备发展阶段看，包括预研项目信息、型号研制项目信息、购置项目信息、维修项目信息。预研项目信息，又包括基础研究项目信息、应用研究项目信息、演示验证项目信息。型号研制项目，又包括总承包项目信息、分系统项目信息、部件项目信息等。上述信息，有些具有军民通用性可以对外公开发布，有些具有一定的保密性只能在有限范围内进行发布，有些属于核心机密，只能在少数核心部门内进行发布。

(2) 保密性原则。保守国家秘密是每个军人的职责，也是装备采购工作长期坚持的基本原则。装备采购信息的发布必须坚持以不影响保密为前提。为防止装备采购信息发布出现公开泄密事件，应加强装备采购信息发布的审批，凡是涉及军事秘密的信息发布，都应按程序进行审批，未经过审批的信息坚决不能发布。

(3) 公平性原则。公平获取信息是信息发布的内在要求。装备采购信息发布是为了让所有符合条件的装备科研生产维修单位公平地获得所需要的信息，避免有些单位和部门利用获得信息的先机占据主动权，影响公平竞争，滋生腐败。

(4) 双向性原则。不同于一般的政府采购信息发布，装备采购信息发布不仅包括装备采购需求，同时，由于装备采购过程将产生一定的新成果，为了使这些新成果能更好地服务于国家经济建设，装备采购信息发布也是推广装备领域科技新成果的平台，即信息发布包括供求两方面的信息，只有这样才能实现真正的军民结合。

鉴于此，健全完善装备采购信息发布制度，要立足于我国的国情军情，通过建立相对固定的专业化的信息发布机构，采取多种发布渠道，在确保安全保密的前提下，向所有合格承制单位发布与其涉密级别相适应的涉密信息，力争在更广的范围内发布非涉密信息。在准确界定装备采购信息分类及内涵的基础上，对非涉密信息，可通过政府、各军工行业、地方军工网等内部网站进行发布；可通过建立供需对话机制，定期举办军民参加的供需见面会发布；可通过各服务中介机构发布。对涉密信息，所有合格承制单位按照其核准的涉密资格，可直接向军队两级发布机构查询、获取相应的秘密和机密装备采购信息。对国家军品高技术发展计划和国防预研计划中的探索性、概念性研究和先期演示验证项目，可进一步扩大定向发布范围，广泛吸引国内军、民营科研院所、高等院校、公司企业参与竞争。此外，装备采购信息发布涉及保密问题，为防止泄密，要做到慎之又慎，要以法规制度为依据，要严格遵循信息发布程序。当前，要尽快制定并出台装备采购信息发布的相关政策法规，对信息的分类、信息发布范围、信息发布渠道、信息发布时间、信息发布的管理、信息发布的基本程序等进行统一规范，使装备采购信息发布工作有法可依。

3. 竞争保护制度

借鉴外军经验，结合我国国情军情，应通过以下法规制度和政策措施，维护公平公正、全面和谐的装备采购竞争环境，保护参与竞争各方的积极性。

(1) 积极配合国家《反垄断法》的制定与实施。重点是反对军工行业和集团公司的垄断行为，打破传统军工一统天下，建立军民结合、寓军于民的武器装备供应体系。

(2) 对装备承制单位实行公平的税收优惠政策。军品免税在有效提高国家装备建设经费使用效率、节省国家财政支出方面发挥了重要作用，应是装备建设坚持的一项长期政策。应进一步改革军品税收管理办法，放宽武器装备研制订货免税税种的覆盖面，使之惠及民营企业，军品免税应以装备研制订货任务为依据，而不应存在所有制和部门属性的差别。同时，免税范围应扩大到主要军工配套产品、军选民用装备和用于装备技术改造的高技术设备。在具体操作上，对军品实行无歧视性免税可采取两种方案：一是继续对以增值税、营业税为代表的流转税进行减免税，但要将税收减免范围扩大到所有承担装备研制生产任务的企业；二是先征后返，对所有装备承制单位，不分企业性质，一律按税法的标准统一缴纳增值税、营业税等流转税，不对企业应缴纳流转税作任何减免，其后，再将军品中所包含的流转税(增值税、营业税等)按照采购合同记载的数额返还给企业。

(3) 研究制定竞争风险控制政策措施。对装备研制生产全过程进行技术、质量、费用风险识别评估和控制，并将风险控制要求纳入装备采购合同和承制单位资格审查体系。防止无序竞争带来的错误选点、偷工减料、降低质量的风险；防止市场准入和退出机制不完善带来的竞争主体投机行为。如果竞争的短期效益损害国防和军队发展长远战略利益，则应当坚决放弃。

(4) 积极培育竞争主体。这既是竞争的需要，更是国家战略布局的需要。对主战装备和重要武器系统，要尽可能在预研、研制、生产和维修各个阶段，有意识地培育两个承制单位参与竞争，对其分系统和配套产品则应培育两个以上的承制单位，并对竞争失利者给以适当的补偿和扶植。

(5) 推行非对称限制政策。为了消除垄断企业在优势地位上参与竞争的状况，采取非对称的限制政策，对居于垄断地位的企业严格管制，而对处于非垄断地位的企业和新公司，给以政策优惠，放松管制，使垄断企业和非垄断企业能够形成竞争。

第二节　持续深化装备价格机制改革

装备价格工作是装备现代管理体系建设的重要方面，也是推进装备高质量发展的关键环节。按照国家和军队有关规定，装备价格由供应商报价、军队组织审价后双方协商确定。长期以来，审价工作由军队单位独立完成，不借助外部力量。随着军事斗争准备的深入推进，装备技术更加复杂、建设任务日益繁重，这样的单一审价模式已不适应形势任务要求。

1. 建立体现以装备作战使用价值为核心的装备价格形成机制

成本加成定价模式是导致装备科研经费超概算、购置与修理价格超预算的重要原因。为此，必须尽快建立装备价格标准体系，加强装备成本和价格分析，逐步改变以承研承制企业成本加利润为主的现行审价定价模式，建立主要体现装备作战使用价值的装备价格形成机制，推行技术指标与经济指标双控措施。建立以装备制造成本为基础的差别利润率计价办法。制造成本依据《工业企业财务制度》和《工业企业会计制度》核算确定，对装备专项费用计入装备制造成本的内容、标准加以明确。利润率根据装备技术含量、装备质量水平、作战使用价值和需求弹性确定，在制造成本的5%～15%范围浮动。完善军工企(事)单位财务制度。建立完善适应价值规律和装备建设发展规律的价格形成机制和管理制度。遵循技术决定价格的规律，加强装备技术的先进适用性论证和价值工程分析，确定合理的目标成本价格。遵循价值决定价格的规律，对拥有独立知识产权和核心技术的高价值装备，给以适当的价格激励。根据装备竞争程度采取不同的价格形成机制，对于不具备竞争条件的完全垄断装备或者拥有核心技术、独家研制的装备，实行计划价格管理，由国家定价，采取成本导向价格形成机制；对于具备适度竞争条件的有限竞争装备，实行计划管理与市场调节相结合的价格管理，由供需双方协商定价，国家监管，采取需求导向价格形成机制；对于具备完全竞争条件的军民通用装备，实行市场调节，由市场定价，采取竞争导向价格形成机制。改革完善装备合同价格定价模式。根据装备研制、生产、修理技术风险、质量、成本、进度和可控程度，采用不同的合同定价模式，实现由单一的固定价格定价方式向多种定价方式转变。根据不同的装备类型和不同的采购方式，确定不同的合同定价模式。装备研制项目实施招标方式进行的，以招标中标价格作为研制合同价格；以竞争性谈判方式实施的装备研制项目，实行价格审核与协商定价模式来确定价格；以单一来源采购方式实施的装备研制项目，实行目标成本加奖励合同和成本补偿合同定价模式来确定价格。

2. 完善装备价格调控、评价机制

(1) 装备价格调控是指装备价格管理部门，根据装备价格系统运行变化规律，对影响装备价格的系统要素进行调节和控制的活动，是装备价格管理活动规范运行的主要保证。

① 要搞好装备价格总水平调控。利用经济、法律和行政手段，通过建立装备价格调节基金制度、装备价格监测制度、重大装备限价制度和重要装备与特殊装备价格保护制度，对装备价格总水平的变动进行必要的干预和约束。既防止价格总水平大起大落地剧烈波动，又可以在一个较长时期内使价格水平每年平均变动的幅度控制在一个合理的范围内，即控制在国民经济和装备建设经费能够承受的范围内。

② 要正确处理装备价格总水平调控与部分装备价格调整的关系，在装备价格总水平波动不大的前提下，实现对有利于优化装备结构的部分装备价格调整。

③ 要正确把握通货膨胀或者通货紧缩环境下装备价格调控的节奏、力度和方法，防止装备价格的大涨或大跌。

(2) 装备价格评价机制是指对装备价格形成的客观性、真实性、合理性进行科学评价的过程和方式，建立以军方为主导的、独立的第三方装备价格评价体系与运行机制。

① 要建立装备价格评价机构。建立以合同甲方即军方为主导的装备价格评审体系。发挥军方主导作用，组织有关技术、经济、管理及系统工程等方面的各类专家，对装备寿命周期费用及装备研制概算价格、订购合同价格和使用维修价格进行综合评估。

② 要建立与装备科研、订购、维修体制和管理模式相适应的装备价格管理模式和独立的社会第三方评价机制。积极推进由一种定价模式(成本加利润)向多种定价模式(固定价格、成本补偿价格、弹性价格、市场价格等模式)的转变，由以指令性行政手段为主的管理方式向以经济和法律手段为主、行政手段为辅的管理方式转变。

③ 要制定《武器装备价格评审规定》《武器装备价格工作成果评定标准和奖惩办法》《装备审价人员职业道德规范和行为规则》。

④ 要加强评价工作基础建设。培养、吸收、引进一批熟悉经济、法律、管理的高级专业人才；重点抓好装备项目评审、合同评审、价格评审和对承制单位资信程度的评价；改进评审办法，提高评审质量。对装备科研、订购、修理价格方案进行客观、公正、有效地评价，是贯彻落实"四个机制"、科学决策装备价格、提高审价质量和装备经费使用效益的重要举措。其评价内容主要包括价格方案及支撑资料的合法合规性、合理性、真实性、完整性、一致性等。合法合规性是指价格方案形成是否符合国家、军队相关法律、法规和装备技术状态的规定；合理性是指成本、费用水平是否符合该行业、该地区、该产品的状况，相关的费用分摊标准是否合理，与同类装备比价是否适当；真实性是指各成本费用的数据是否符合实际状况，是否符合确定的装备技术状态；完整性是指价格构成要素是否齐全，成本资料是否完整，价格方案内容是否全面；一致性是指同一武器系统及其分系统之间价格方案形成的依据、标准和程序是否相同，格式是否统一和规范等。

3. 完善装备价格监督、激励机制

(1) 装备价格监督机制是指对装备价格运行过程进行监管、掌控和督导的过程和方式，是科学管理装备价格的基本保证。

① 要建立大型复杂武器装备研制订购修理价格监督系统。建立由军兵种、军事代表局机关领导，驻武器系统总承包单位军事代表室牵头，驻分系统和配套协作单位军事代表室参加的大型复杂武器装备研制经费监督系统。

② 要积极推进武器装备研制订货合同制。建立以合同为依据的武器装备研制、生产进度、质量、价格、经费监督管理制度，维护合同的法律效力。

③ 要强化军事代表对装备科研订购合同实施独立、有效监督的权利。通过对合同重大节点控制、经费拨付审核等方式，加大装备质量和经费使用监督，按合同规定和研制生产装备的实际情况拨付经费。

④ 要加强装备需求论证、方案设计阶段的全寿命费用分析，合理确定武器系统研制经费总概算价格和工程研制阶段成本控制目标。运用研制经费预、决算审计制度和武器系统研制质量、进度节点控制方法，对承制单位项目研制经费使用过程实施监督。

⑤ 要加强对重点型号装备和高新技术武器装备经费使用的监督。要把费用发生频繁、金额大、变动异常的经费开支项目作为监督、审核的重点，确保监督取得成效。

(2) 装备价格激励机制是指通过适当竞争和合理奖惩，激发单位和个人发挥积极性创造性的运作方式，充分发挥价格杠杆对装备建设与发展的促进作用。激励国防科技工业加快技术创新，促进高技术装备的发展。

① 要充分发挥价格杠杆的激励导向作用。制定法规，明确各类企事业单位在承担武器装备科研生产任务时，在税收、贷款等方面应享受的优惠政策；明确直接从事装备科研生产的人员，在工资、岗位津贴和补贴等方面应享受的待遇。重视现代高技术研发的成本，通过灵活的定价办法使自主创新投入的艰苦的脑力劳动和高质量软件成本能够得到补偿，以激励研制和生产创新。

② 要建立价格激励机制。合理确定装备价格构成，使装备价格客观反映装备价值；鼓励承制单位自觉采用新技术、新工艺、新材料，加强管理，

降低成本，提高质量。对按照合同要求为部队提供性能优良、质量可靠、价格合理、进度保证的装备科研、生产、维修企事业单位，优先保障经费供应，并给予适当奖励；对装备研制、生产、维修质量、价格和进度达不到合同要求的，应缓拨研制经费和后续生产、维修合同价款。

③ 要建立国防科技知识产权制度，积极开展对无形资产价值的评估，激励国防军工企业加快技术创新和高技术武器装备的发展。对技术先进、特别有用、能够明显提升装备体系战斗力的技术或产品，按照物有所值的原则确定合同定价。

④ 要积极摸索适合于装备科研、生产、维修等不同阶段和装备不同性能、质量特点的多种形式的计价管理办法，体现优质优价原则，充分调动承制单位改善管理、提高质量、降低成本的主动性和积极性。

第三节　全面推进竞争性装备采购

紧紧围绕建立完善装备采购竞争机制，遵循先易后难、循序渐进的原则，全面推进装备全系统全寿命竞争性采购，努力提高质量和效益。

1. 开展分类分层次竞争

(1) 积极推进装备采购分类竞争。将装备划分为完全竞争、有限竞争和非竞争三大类。未经主管部门批准，不得擅自更改装备竞争采购分类。对"完全竞争"类装备项目，如具有军民通用性特点的工程机械、交通工具、通用电子设备、配套部件、元器件及原材料等，在全国范围内各类所有制企业进行公平、公正的竞争，采用公开招标或询价方式竞争采购；对"有限竞争"类装备项目，装备采购的大部分项目及其主要配套产品应该划属此类，这类装备项目涉及国家机密，可在二家以上具备研制、生产能力的承制单位中组织竞争，采用邀请招标、竞争性谈判或询价方式进行竞争采购；对"非竞争"类项目，如涉及国家安全的核武器、核潜艇、战略导弹等项目的采购，不适宜开展竞争或不具备竞争条件，只能采取单一供货来源采购方式的装备项目，要求在其分系统和配套件层次上开展必要的分层次竞争。

(2) 强制推行装备采购分层次竞争。严格限制并逐步减少非竞争类装备采购，并通过军方的积极介入，督促总承制单位开展分层次竞争。军方不仅要在总承包问题上，而且要在配套层次上推动竞争性采购。为防止总承制单位不管成本高低和质量好坏，自行组织内部生产，对于配套类的军民通用类产品，应按照公开招标的方式，确定配套价格；部分配套产品也可由军方集中采购，提供给总承制单位使用。根据竞争采购需要，军方可直接与一次、二次配套单位签订合同。对总承制单位与配套产品单位签订合同的情况，军方应加强竞争监督，维护公开、公正和公平的竞争。

(3) 实行主承包制和总承包制。对合格承制单位少的大型复杂武器装备，为有效开展分系统的竞争，军方可视情选择主承包制和总承包制两种方式，促进分系统竞争的开展。军方与装备研制生产的总体单位订立主承包合同，直接与配套承包商订立配套合同，在配套厂商的竞争和选择上拥有充分的发言权，有利于克服来自军工行业的竞争障碍，打破军工行业长期形成的封闭垄断，不利之处是加大了管理工作量和采购成本；军方与装备研制生产的总体单位订立总承包合同，由总体单位与配套承包商订立配套合同，有利于促进总体单位自觉开展分层次竞争，减少军方的管理工作量和采购成本，但这样会将军方的主导地位有所削弱，必须建立起完善的资格认证制度，指定选择分承包商的范围，并加强监督，发现违规时进行合理干预。

2. 开展全寿命分阶段竞争

(1) 加强装备预研阶段技术创新竞争。装备预先研究阶段国家投入相对较少，竞争成本最低，而承包商参与装备研制的竞争能力往往在该阶段就已基本形成。因此，军方在这一阶段应充分发挥需求牵引作用，进一步完善《国防预研技术指南》的发布程序与渠道，扩大发布范围，广泛吸引国内有资质和能力的各类科研院所、大专院校、公司企业参与装备技术创新，通过竞争择优确定项目承担单位；加大演示验证项目及型号背景项目的竞争力度，对重点项目尽可能选择两个以上承担单位，通过竞争优选技术路线，规避技术风险，并为装备研制阶段的竞争创造条件。不仅要鼓励绩效好、资质高的"圈内"承包商开展预先研究，进行技术更新和产品换代；而且要扶持具备一定实力的"圈外"承包商参与，给予其一定的预研经费，提供必要的技术设备，选派必要的技术人员。尤其是对关键、重点技术项目的攻关要扶持多家，防止产生技术垄断；对已经形成垄断的关键、重点技术项目要扶持第二承制商参与，开辟第二供应源。只有这样，才能为日后装备立项研制储备一批能真正形成竞争的承包商。

(2) 突出装备研制阶段方案和样机竞争。大型复杂武器装备的需求往往比较复杂，在武器装备立项及方案论证阶段，要吸收多家承包商参与充分的竞争，军方在此基础上组织进行多方案论证，对性能、寿命周期费用、保障条件等因素综合权衡，形成研制总要求(或总体方案)。参与备选方案竞争的承包商根据军方的研制总要求，拟制详细的研制技术方案，申请竞标或谈判，军方通过择优选择确定几家承制单位进入样机阶段竞争；为了克服总体方案验证不足带来的技术经济风险，应选择两家以上的承制单位进行初级样机研制，有条件的项目可进一步开展正式样机的竞争研制，此时竞争的效费比最高，竞争促使承制单位提高研制效率，积极主动地解决研制中出现的关键技术问题，从而加快了研制进度，有利于控制装备价格和维修费用，为生产和维修阶段的竞争创造条件。

(3) 注重装备购置阶段新装备生产和军选民产品竞争。批量较大的新装备应尽可能进行生产招标，要积极支持研制单位与具有生产优势的企业进行合作生产或有偿转产，鼓励二者实现强强联合；军选民产品要力争实行公开招标，鼓励采用民用标准和商业惯例，扩大军选民用产品范围；凡适合集中采购的同类型装备都要逐步实行集中采购，通过竞争平抑价格、优选厂家、减少型号，提高标准化、系列化、通用化水平。

(4) 搞好装备维修阶段新装备保障竞争。广泛吸引研制单位和军内外有资质的专业修理工厂参与新装备维修保障选点竞争，对部队装备规模较大的可保持两家或更多家开展竞争维修保障，并对通用维修器材、备件和设备逐步实行集中采购。

3. 积极探索一体化竞争

对装备技术状态明确、采购数量与采购总经费确定、研制生产的风险较小、有两家以上具备装备科研生产维修能力的承制单位可供选择、装备科研、采购与维修项目计划、合同、经费能够统一安排与调整的装备采购项目，应当采用一体化竞争性采购。在现有装备管理体制下，装备采购计划部门会同采购业务部门可在军委机关部门分管装备机构和各军兵种装备部的统一领导下，按照装备全系统全寿命管理要求和装备有关条例与规章的规定，选择以下 5 种模式，实施装备一体化竞争性采购。

(1) 科研、购置、维修一揽子竞争性采购。在装备采购需求(功能、性能和数量)、采购总经费、时间进度基本明确的条件下，从新上装备项目方案设计、工程研制阶段通过招标或竞争性谈判，签订研制、购置和维修一揽子采购合同，保证按质、按量、按时拿到装备，并快速形成初始作战能力和保障能力，提高装备建设整体效益。

(2) 科研、购置捆绑式竞争性采购。在装备采购需求(功能、性能和数量)、研制与购置经费和时间进度基本明确的条件下，从新上装备项目方案设计、工程研制阶段通过招标或竞争性谈判，签订研制、购置捆绑式采购合同，解决装备研制与购置脱节的问题，达到"研制得起、买得起"的目标。

(3) 购置、维修捆绑式竞争性采购。在装备采购需求(功能、性能和数量)、购置费与初始维修保障费基本明确的条件下，通过装备购置与维修捆绑式招标或竞争性谈判，使之快速形成初始作战能力和保障能力，达到"买得起、用得起"的目标。

(4) 科研、购置、维修分阶段竞争性采购。在装备采购需求(功能、性能和数量)、时间进度基本明确但采购总经费未定且技术风险较大的情况下，对新上装备项目的研制、购置和维修目标与要求实施一体化论证和计划管理。但在合同订立中，实行研制、购置和维修三个阶段独立开展招标或竞争性谈判的方式，确保装备质量、进度，控制费用增长，努力实现装备全寿命周期的较高效率和效益。

(5) 科研、购置、维修分层次竞争性采购。针对单一来源装备，仍可从加强全寿命管理的角度，通过对新上装备的研制、购置和维修目标与要求实施一体化论证和计划管理，与总承制单位签订有关研制、购置、维修一揽子或捆绑式合同，要求并督促总承制单位同时在分系统、部件或配套层次，采用一揽子或捆绑式竞争性采购方式，签订分包合同，确保装备质量与进度，控制成本和价格，提高装备建设效益。

第四节　完善相关法规制度和政策措施

系统完备的法制体系是实施装备采购改革、提高质量效益的根本保障。一方面，要完善立法机制，建立法规制度的定期、不定期修订制度，根据装备采办工作发展要求，及时"立新、废止、修订"，及时固化改革已有成果，使法律制度体系与装备采购工作保持现实中的动态一致。另一方面，从宏观和微观两个层面，建立系统完备的法律政策体系。宏观上，完善根本性的组织法规，理顺职责与分工，保持管理体制的规范性和稳定性；微观上，拓展配套规章，加强对具体程序流程的规范，提高操作性，为装备采购和改革提供及时有效的引领和支撑。

1. 建立竞争性采购计划管理制度

将非公有制主体尤其是优势民营企业的先进技术、优质产品等资源纳入装备竞争性采购计划管理。军委机关主管部门应定期制定《竞争性装备采购计划》，发布《竞争性装备和产品目录》。军委机关分管装备机构和各军兵种装备部应当严格按照竞争性装备采购计划确定的采购方式，组织开展竞争性采购。按照《装备采购方式与程序管理规定》，加大对采购方式的审查力度。凡是具有两家以上科研、生产、修理单位可供选择的装备采购项目，都要纳入竞争性装备采购计划。符合公开招标条件的采用公开招标方式采购，符合邀请招标条件的采用公开邀请方式采购，符合竞争性谈判条件的采用竞争性谈判方式采购,符合询价条件的采用询价方式采购。采购方式未定或不能充分说明单一来源采购理由的采购项目，不得列入年度采购计划。确定采用单一来源方式采购的项目，其分系统、配套设备、原材料、元器件具有两家以上科研、生产、修理单位可供选择的,装备总(主)承包单位和装备采购业务部门要编制竞争性装备采购计划。

2. 实行竞争性采购项目负面清单制度

军委机关主管部门应定期发布《全军武器装备竞争性采购负面清单》，

明确不宜竞争或目前暂时不具备竞争条件的装备采购项目清单。除了负面清单项目实行单一来源采购外，其他所有装备采购项目必须开展竞争性装备采购，并制定包括采购方式、候选装备承制单位、分系统或配套产品竞争性采购安排、采购价格方案、竞争择优标准和评价方法、竞争保护必要性分析及其初步安排、采购工作进度及所需业务经费、风险防范措施和效益评估等内容的竞争性装备采购方案。

3. 建立竞争风险防范和效益评估制度

科学确定竞争性采购项目管理的关键决策点，加大技术、质量、进度、成本等风险和全系统全寿命周期效费比的综合分析力度，把风险和效益评估情况作为实施竞争及项目管理决策的重要依据，实现装备需求与国防科技水平和经费保障能力间的合理平衡。完善绩效评价机制和信息反馈机制。军方必须建立健全装备研制、生产、维修风险防控机制和绩效评价机制，做好信息反馈。全面开展装备承制单位系统工程能力、质量与可靠性管理能力、软件化工程能力、综合保障能力和应急应变能力评价体系，大力推行装备技术成熟度、制造成熟度评价，以及装备采购合同绩效评价和装备承制单位履约信誉等级评定，掌握采购项目的实施情况和真实信息，形成风险预警机制，并据此实施奖惩，提高装备采购质量效益。

4. 防范不公平竞争制度

配合国家《反垄断法》的实施，防范军工集团公司内部不允许开展竞争，或限定只能与集团总部签订合同等排除、限制竞争的行政干预。严格禁止承研承制单位采取恶意竞争、恶意串通、攻守同盟或投机等手段，来获取采购合同，避免恶性竞争和风险失控。制定《武器装备市场准入管理条例》和《装备承制单位失信名单管理办法》。

主要参考资料

[1] 王磊，等. 美国国防合同管理制度改革综合研究[R]. 北京：中国国防科技信息中心，2011.

[2] 艾克武. 军品市场准入制度导论[M]. 北京：国防工业出版社，2009.

[3] 谢文秀，等. 装备竞争性采购[M]. 北京：国防工业出版社，2015.

[4] 赵超阳，等. 变革之路：美军装备采办管理重大改革与决策[M]. 北京：国防工业出版社，2014.

[5] 双海军，等. 武器装备采购四个机制研究[M]. 北京：国防工业出版社，2016.

[6] 白海威，等. 军事代表制度改革研究[J]. 装备指挥技术学院学报，2004(03):5-8.

[7] 刘宝武. 武器装备采购竞争与规制研究[M]. 大连：东北财经大学出版社，2011.

[8] 秦红燕，等. 装备采办技术风险管理研究[J]. 装备指挥技术学院学报，2008(05): 1-4.

[10] 乔玉婷. 面向武器装备竞争性采购的产业组织治理研究[M]. 北京：国防工业出版社，2013.

[11] 余高达，等. 军事装备学[M]. 北京：国防大学出版社，2000.

[12] 吕彬，等. 武器装备采办竞争策略应用研究[J]. 装备学院学报，2014，25(03): 18-22.

[13] 薛亚波. 法国武器装备总署的机构改革与政策调整[J]. 国防科技工业，2011(07): 62-64.

[14] 张居正. 武器装备评价方法研究[J]. 装备技术基础，2006(12): 47-49+56.

[15] 大卫·S·索伦森. 国防采购的过程与政治[M]. 北京：经济科学出版社，2017.

[16] 陈波，等. 国防经济学[M]. 北京：经济科学出版社，2017.

[17] 于川信，等. 军队武器装备采购制度的重大变革[J]. 紫光阁，2015(04): 49-50.

[18] 王湛. 推进军队装备采购制度改革的建议[J]. 中国政府采购，2019(05): 65-69.

[19] 游光荣. 以装备采购管理五大机制为抓手 推动重点领域军民融合深度发展[J]. 中国军转民，2017(10): 18-20.

[20] 刘念，等. 美国新一轮国防采办改革及对我国装备采购的启示[J]. 中国政府采购，2020(01): 65-69.

[21] 谭颖洁，等. 我国武器装备采购竞争性采购制度的探索[J]. 国防科技工业，2020(01): 32-33.

[22] 万佩. 我国军事装备竞争性采购问题研究[D]. 武汉：华中科技大学硕士学位论文，2018.

[23] 蒋勇. 美军装备采购改革做法研究[J]. 当代经济，2017(06): 14-15.

[24] 白凤凯. 军事装备采购管理[M]. 北京：国防工业出版社，2012.

[25] 李彦军. 大力推进竞争性装备采购[J]. 中国军转民，2013(05): 30-33.

[26] 中国航天科工集团公司. 抓住机遇 迎接挑战 积极适应装备采购制度改革[J]. 国防科技工业，2010(01): 44-47.

[27] 刘飘楚. 三十年装备采购制度改革的回顾与反思[J]. 装备学院学报，2013, 24(03): 57-61.

[28] 张跃东. 竞争性装备采购风险特点和成因[J]. 装备学院学报，2013, 24(04): 24-28.

[29] 吴兆琦. 关于一体化装备采购的几点思考[J]. 装备制造技术，2010(06): 125-126.

[30] 理查德·A·毕辛格. 现代国防工业[M]. 北京：经济科学出版社，2017.

[31] 张新华. 适应市场经济和军事发展要求大力推动我军装备采购改革[J]. 中国政府采购，2005(05): 46-47.

[32] 谭云刚. 武器装备竞争性采购必须明白的七个问题. 军民融合观察，2020.05.21.